ESG 스퀘어

ESG 스퀘어

트렌드를 창조하는 ESG

오병호 지음

도서출판 **더로드**
The Road Books

저는 법학을 전공하면서 환경대학원에서 환경 관련 공부를 했습니다. 학생 시절 공부를 하면서 폐결핵으로 고생을 많이 했습니다. 그것이 환경에 관한 관심을 두게 된 이유가 되었습니다. 미세먼지에 관한 관심도 많습니다. 공기는 가장 중요한 환경요소입니다. 저는 우리 삶에 법률이 얼마나 영향을 미치는가에 관한 연구를 하고 있습니다. 전 세계는 2050년까지 이산화탄소를 지금보다 17% 줄이고 지구 온도상승을 1.5℃보다 올라가지 않도록 계획을 세웁니다. 새로운 기술을 도입해 온실가스를 줄이기 위해 관련 기술 연구가 한창입니다.

그런데 기술은 발전하지만 뒷받침되는 법·제도의 속도는 이에 비해 느립니다. 폐기물관리법 정도의 시행규칙이 미미하게 있을 뿐입니다. 저는 환경부가 관련 법률을 정비하도록 돕고 있습니다. 산업부와는 에너지법과 제도 관련 전문가를 양성하도록 조언하는 역할을 맡고 있습니다.

2020년 다보스 포럼 이후로 국내외 기업 사이에서는 ESG가 대세로 등장하고 있습니다. 마이크로소프트, 아마존과 같은 글로벌 기업과 SK를 비롯해 국내 굴지의 기업들도 ESG 경영을 선언하고 지키고자 노력합니다. 물론 기업의 전통적 목표는 이윤의 극대화입니다. 환경 보호나 사회 공헌은 소극적이지만, 지구온난화를 비롯해 기후위기로 온 지구가 병들고, 인류의 생존과 번영을 위협받는 상황 속에서 정부의 기조에 맞추어 ESG 경영을 시행하고자 노력하고 있는 것을 보고 있습니다.

코로나19 팬데믹의 오랜 장기화로 인해 기업은 힘든 시기를 겪고 있습니다. 환경과 사회를 배려한 ESG 경영으로 기업 가치를 향상하고, 기업을 응원하는 우군 확보로 리스크 관리 역량도 키울 때입니다. 오병호 작가의 「ESG스퀘어」를 통해 기업은 기후위기 이슈를 과감하게 파악하고 위기를 기회로 해결하는 지속가능한 경영을 실현해 내리라 믿습니다.

고문현
한국ESG학회 차기 회장, 숭실대학교 법학과 교수,
제24대 한국헌법학회 회장

오병호 이사는 우리 한국재정지원운동본부의 자랑입니다. 사회공헌의 분야는 다양합니다. 그중에서 오병호 이사는 환경, 음악, 교육, 인권 등 다양한 분야에서 활동한 사람입니다. 그의 활동을 지켜보면서 때때로는 걱정도 많았습니다. 커다란 화재와 태풍 등으로 국가의 위기에는 적극 나서서 도우면서도 자신의 체력 이상으로 무리하게 활동하다 큰 병이 찾아오는 것은 아닌지 크게 다치는 건 아닌지 걱정했었습니다. 그럼에도 그는 취약계층의 아픔을 헤아리며 "나도 비록 어렵지만 나보다 더 어려운 이웃을 위하여"라는 한국재정지원운동본부의 신조를 지키는 것을 보면 이 나라에 꼭 필요한 사람이라는 것을 말씀드리고 싶습니다.

코로나19 팬데믹으로 환경은 점점 더 오염되어 갑니다. 사람들의 빈부 격차는 더욱 증가합니다. 많은 것을 함께 했던 사람들과 더 뜻깊은 일들이 많음에도 함께 하지 못한 것을 아쉽게 생각합니다. 내일이 희망이 거품이 될까 두렵습니다. 다음에 함께 할 기대를 가득 품고 오늘 만난 천사와 수줍게 약속합니다. 내년엔 더 좋은 일이 있을 것이라고, 앞으로는 더 행복한 일이 있을 것이라고 말입니다. 이 사회에는 우리가 보지 못하는 것들이 많습니다. 우리의 삶도 힘들지만, 더 힘든 이들이 있고 이들을 도우려는 손길이 있기에 이 세상은 아직은 살 만한 세상이 아닌가 생각해봅니다. 오병호 이

사는 위기를 기회로 바꾸는 탁월한 능력을 가지고 있습니다. 그런 그가 이번 코로나19 팬데믹을 극복하기 위한 작은 프로젝트 중의 하나인 「ESG스퀘어」를 읽으시고 그의 극복 프로젝트 중에 일부를 엿보는 좋은 기회가 될 것이라 생각합니다.

차명식
한국재정지원운동본부 회장

SNS작가로 활동하면서 각계각층의 다양한 사람들을 많이 만나고 인터뷰하면서 만나게 된 '청년 발런티어' 오병호님이었습니다. 오병호 작가님은 1995년부터 2022년 현재까지 약 27년간 환경정화를 비롯한 사회공헌을 위한 삶을 살아왔고, 2007년 씨프린스호 태안 기름유출 사건, 2013년 6월 강원도 강릉 포스코 마그네슘 제련소에서 발생한 페놀 유출사건으로 타격을 입은 옥계 주민을 위해 2014년부터 2016년까지 주민들을 위해 옥계 지역의 명소를 대한민국 정책 기자단으로서 기사화하여 홍보하면서 환경정화를 비롯해 옥계 지역의 피해를 알리고 지역 주민의 아픔을 조금이라도 덜기 위해 노력해온 사실을 듣고 감명을 받았습니다. 2015년에는 장애 학생들과 리코더 앙상블을 통해 장애 학생들이 가진 아픔을 조금이라도 덜어주고자 노력한 청년입니다. 저는 저의 3번째 저서인 「믿어줘서 고마워」는 오병호님과 인터뷰한 책으로 베스트셀러에 선정되었습니다.

그리고 2021년 12월에는 '서울 청년 정책 대토론'에 함께 팀으로 참가하여 "주거보험" 정책을 서울연구원의 우수정책으로 선정되는 결과를 이루어 냈습니다. 이 내용은 곧 나올 저의 신간 「열 평짜리 공간」에 나오게 될 내용입니다. 청년 오병호님이 가진 재능과 역량을 지역주민들과 나누기 위해 아낌없이 헌신했다는 것을 알기에 그의 봉사와 활동을 지켜보는 것은 저에겐 큰 행운이었습니다. 어려운 상황임에도 낙심하지 않고 다른 이들에게 음악, 환경, 에너지 교육을 무료로 전수해 주며 봉사를 한다는 점에서는 저는 오병호 작가님에게 큰 감동을 받았습니다. 수많은 이들과 환경 사랑을 실천하는 젊은 청년이기에 그의 일대기 중 극히 일부가 실린 책 「ESG 스퀘어」를 읽어 보시기를 권장합니다. 부디 오병호 청년이자 작가님의 꿈과 도전이 많은 이들에게 전해져 주변의 상황에 쉽게 휘둘리지 않고 자신의 길을 끝까지 걸어가는 국민이 많아지기를 간절히 바랍니다.

이창민
SNS문화진흥원 이사장, 국내 1호 SNS 작가

인간도 자연의 일부라서 숙명처럼 세대를 거쳐 지구에 명멸하며 자연사의 한 페이지를 장식하며 살아오고 있습니다. 어떤 이는 두드러진 족적을 남기지만 대부분의 인간은 흔적조차 남기지 아니하고 돌아갑니다. 한 생애 자연과 환경을 더불어 살아온 과정에서 남긴 저마다의 기록은 그야말로 귀하고 중요한 인류세 자료인 것입니다. 그 점에서 앞길이 구만리인 청년 오병호 군이 저술한 본 저서는 현재 뿐만아니라 후세대에서도 값진 자료가 되어 길이 남을 것입니다.

저자는 일찍부터 시민사회를 위한 정책제안과 환경봉사, 환경교육재능기부, 음악교육재능기부, 소프트웨어 교육 및 코딩 등 다양한 범주를 넘나들며 활동을 하고 있으면서 세대를 아우르는 E(환경), S(사회), G(지배구조) 생태환경 분야를 연구하는 학도입니다. 그는 본 저서에서 환경을 지켜야 인간도 살 수 있다는 근본진리를 몸소 체험을 통해 보여주고 있습니다. Eco Life(지구 살리기)의 중요성과 그 실천 화두의 기본 과제인 미세먼지 대처방안, 쓰레기에 대한 재발견과 가치, ESG가 주는 경제적 가치에 대한 미래지향적 키워드도 과감히 제시해주고 있습니다.

또한 저자는 폭이 넓은 시각으로 국내외를 넘나들며 다양한 현실과제를 눈여겨보고 있습니다. ESG 기금이라는 신선한 아이디어, ESG 소셜센터와 함께하는 새만금, ESG의 시작점, 글로벌 속의 ESG 대한민국, 대한민국 복지의 한계와 사각지대 등의 환경철학적 논거는 오랜 관록이 아니고서는 쉽게 접근할 수 없는 분야이기에 저자만의 내공이 단연 돋보입니다.

미래지향적인 저자의 배려는 답답한 코로나 격리 세상에서도 희망을 잃지 않고 다시 일어나 재도약의 단계가 도래함을 명쾌한 언어로 피력하여 팬데믹 시대의 독자들에게 꿈을 주고 있습니다.

항상 자연을 더불어 탐구하고 사물을 결코 허투루 보지 않는 저자의 앞날에 밝고 큰 서광이 더욱 빛날 것을 확신합니다. 앞으로도 일층 더 환경과 자연생태계를 연구하여 후속 저서들이 저자의 생을 통하여 지속 발간되기를 희망합니다.

범의 해에 백두대간을 포효하던 그 기상처럼 대한민국의 유구한 문화역사 속에 글로벌 ESG가 녹아든 이 책에서 독자여러분들은 행복한 시간이 될 것입니다.

이학영

이학박사, 한국생태환경연구원 원장.
고려대 평생교육원 자연생태환경전문가 과정 총괄담임

$$\boxed{1부}$$

Environment (환경)

Eco Life (지구 살리기)

Social (사회)

6부

Goal (목표)

김익수 환경일보 편집대표이사, 이인규 한국 ESG 협회장, 이동길 서울특별시 기후환경본부 환경정책과 기후에너지전략팀 주무관, 진미향 국립공원공단 자연 해설사, 이재진 한국전력공사 직원, 차명식 한국재정지원운동본부 회장, 김진홍 청년 - 산업재해 피해청년, 박현복 국민 건강 전도사 시민 체육 강사, 오병주 KB부동산 토지신탁 직원, 김익수 환경일보 편집대표이사, 김영진 Postgraduate Student, The University of Adelaide

ESG, 니가 왜 거기서 나와

2021년 한해를 장식한 화두는 코로나와 ESG였습니다. 해외의 일상이 아닌 우리의 일상으로, 기후변화가 위기를 넘어 위협으로 다가오는 현재 녹색전환에 소명의식을 가지고 현안에 대처하는 ESG작가로서 노력해 왔습니다.

환경은 생명이자 사랑입니다. 평소에 입고 먹고 마시고 숨 쉬는 공간이 사라질까 걱정했는데 설마 했던 일이 현실이 되었습니다. 우리의 나태와 막연한 기대가 낳은 현재에 적응하는 것이 필요하면서 전환이 필요한 상태로 바뀌어 버린 것입니다. 현재의 삶을 마음같이 바꾸긴 어렵습니다. 전환을 위해 목소리를 낼 필요성이 곳곳에서 늘어나고 있습니다. 국가환경교육 및 민간 환경교육을 통해 환경보호가 더 절실하다는 분위기로 전환되고 있습니다. 환경오염으로 기후위기를 가중하고 있는 시설에 그간 공부했던 내용을 통해 지금 현재 상황, 향후 벌어질 일을 빅 데이터, AI 등으로 예측하여 기후위기유발 시설 근무자가 임원을 설득하여 오염 및 탄소 저감 시설 설치를 이끄는 때도 있었습니다. 당장은 먼 이야기로 보이지만 한번 시작해보면 기후위기와 환경보호에 대해 우호적인 변화가 감지되고 있는 것은 잘 알려진 것이 사실입니다.

기후위기 해결을 위한 생태교육의 요소에는 지역, 사회, 세계 각지에서 일어나는 이슈에 대한 지역주민소통과 주민의 참여가 포함되어 있습니다. 우리가 사는 지역의 환경보존을 잘하려면 지역주민의 적극적인 참여와 인식개선이 중요합니다. 적극적 참여를 통해 생태적 환경으로 접근하게 하는 게 우선입니다. 자연 속에서 흙, 물, 공기 등과 교감하는 능력을 시민 환경교육으로 지속해야 합니다. 녹색전환을 위한 양질의 교육을 위해서는 대상자를 선정하고 일상에 적용할 좋은 교육자를 양성하고 배출해야 한다는 것은 당연지사입니다. 환경연구 기능과 콘텐츠 보급을 확산하는 기능이 중요합니다. 환경교육 네트워킹도 중요합니다. 지역사회 여러 기관과의 협력 및 유대는 환경교육의 올바른 정착과 바른 전달을 위해 가장 중요합니다.

1991년 대구 낙동강 페놀 유출 사건으로 환경오염에 처음 관심을 지니게 되었고, 1995년 주변 환경정화를 시작으로 환경을 보호하는 활동을 시작하게 되었습니다. 1999년 강원 영월 동강댐 건설에 반대하는 뉴스를 접했고 2022년 현재까지 제 인생 모든 것을 투자했습니다.

이 책은 기존의 ESG 서적과는 다른 개념으로 접근합니다. 기존의 ESG 서적은 ESG 자체를 기업의 비재무재표적 기법으로 다가가 기업이 행해야 하는 바를 제시하고 있습니다. 1995년 환경 정화 활동을 시작으로 2022년 현재까지 ESG작가로 활동하면서 느낀 점은 기업이! 정부가! 해주기를 바라며 혼자서 백 년 천 년 외쳐도 결국은 외로운 외침일 뿐 메아리가 들려오지 않았습니다. 함께 연대하여 함께 외쳐야 비로소 변화가 시작되었습니다. 청바지 한 벌을 위해 무려 물은 7,000L나 사용해야 하고, 이산화탄소는 32.5kg 이상 발생하는 현실입니다. 그 와중에 약품을 긁어내고 사용하는 과정을 보면 염색, 직조, 워싱, 가공후 처리 과정을 보면 수십 차례의 그린 워싱이 아닌가 하는 의구심이 들 정도입니다. 청바지 한 벌을 생산하는데 발생하는 이산화탄소는 어린 소나무 12그루 이상 심어야 상쇄를 하는 정도입니다. 눈에 띄지는 않지만, 이러한 모르고 사는 문제들과 현실적인 문제의 극히 일부만 실었습니다. 제가 이야기할 수 있는 것은 이 책에 실리는 것의 극히 일부에 불과합니다.

어려운 용어의, 어렵고 힘든 ESG가 아닌 마음 편하게 읽을 수

있는 에세이 형식의 서적입니다. 적절한 사례, 편한 용어, 다가가
기 쉬운 문장으로 대중 ESG 서적이 될 것이라 믿어 의심치 않습
니다. 물론 이 서적 한 권으로 현재의 ESG 관련 이슈 모두에 관한
답을 제시할 수는 없습니다. 다만 ESG 세상의 보는 눈을 독자들
로 어려움이 아닌 다가가기 쉬운 분야로 이끌기 위해 고민한 서적
입니다. 책의 제목인 「ESG 스퀘어」는 한 공간 안에서 서로 다른
문화에서 살아온 사람들이 읽으며 저자와 함께 '논'하고 '행'하기
를 바라는 마음에서 정했습니다. 이 서적은 ESG와 관련된 이슈
의 해결방법과 해답을 제시하는 것이 아닌 다만 사고의 방향성만
을 제시할 뿐이라는 것을 꼭 명심해 주시면 감사드리겠습니다.

Environment(환경)

Sustainable Development Goals(지속가능목표)

Governance(거버넌스)

Eco Life(지구 살리기)

Social(사회)

Goal(목표)

Environment
(환경)

1부

대동단결, 글로벌 탄소중립

전 세계는 기후라는 이름 아래 하나가 되었다. 지구와 인류의 운명을 결정지을 회의가 열렸다. 바로 26번째 열린 유엔기후변화협약 당사국총회(COP26)가 2021년 11월 1일부터 11월 12일까지 약 2주간 진행되었다. COP26은 Conference of Parties 26th의 약자로 당사국총회를 말한다. 국제연합이 공식적으로 매해 개최하는, 기후변화 주제로 논의하는 협약, 소속된 국가의 모임을 말한다. 처음 개최된 COP는 1995년에 독일 베를린을 시작으로 개최되었다. 점점 더 심각해지는 기후위기 대응을 위한 계획을 제시하고 협약도 체결했다. 대표적인 협약은 1997년 일본에서 열렸다. 일본 교토에서 열린 3번째 COP에서 37개국의 주요 선진국에서 온실가스 배출을 감축하기 위해 협약을 맺은 것이 교토 의정서다. 이후로 기후위기는 선진국들만의 노력으로 해결할 수 없다는 것을 확인했기에 파리에서 2015년에 열린 21번째 COP에서

COP26 글라스고우 현장에서 [빅웨이브 장현진님 제공]

당사국 모두가 노력하기로 합의한 것이 파리기후협약이다. 이 협약으로 이번 COP26에서 전 세계는 산업혁명 이전 대비 1.5℃의 온도상승을 막고자 자국의 2030년 목표를 발표한다. 단순한 회담을 넘어 온실가스 배출목표량을 발표한다는 점이 COP26이 다른 당사국총회보다 더 중요하다고 한 것이다. 온실가스를 많이 배출하는 국가와 당사국 전원일치로 결정되어 대표 결정문은 마감 시한인 11월 12일보다 하루 뒤인 11월 13일에 글래스고 기후합의(Glasgow Climate Pact)가 채택되었다.

이번 COP26의 합의안에서는 석탄발전 감축을 선언하고 배출권 거래를 구체화했다.

첫째, 석탄발전의 단계적 감축, 두 번째, 선진국의 기후적응 지원 확대, 세 번째, 국제 탄소 시장의 지침 탄생과 채택, 네 번째, 국가온실가스목표(NDC)의 재점검, 다섯 번째, 삼림 보호, 메탄가스를 포함한 온실가스 감축 서약 등이 대표적 성과이다.

당사국들은 탄소 저감장치를 설치하지 않은 석탄발전을 단계적으로 감축하고 효율적이지 않은 화석연료의 보조금을 주지 않기로 합의했다. COP 합의문에서 '석탄(Coal)'과 '화석연료(fossil fuel)'를 처음으로 명시하도록 한 것이 주목할 만한 성과이다. 화석연료가 온실가스의 주범으로 여겨진다는 점은 이미 알고 있었지만, 그동안 COP 공식문서에 포함되지 못했다. 각국의 경제 논리에 의해 쉽사리 합의가 어려웠다. 세계 화석연료 생산 기업 중 절반 이상은 정부가 소유한다는 점이 합의를 어렵게 만드는 주된 원인이었다. 화석연료 생산을 줄이게 된다면, 에너지 가격의 문제로 세계 경제에 미칠 영향이 더욱 커진다. 그래서 197개 당사국 모두가 석탄과 화석연료에 관해 합의하기가 어려웠다. 이번 COP26에선 국제 사회 및 환경 단체들이 모여 각 정부와 기업을 향한 석탄화력 발전에 대해 목소리를 냈다. 당사국들의 행동이 실질적으로 탄소중립을 향하도록 이 단어들은 결정문에 최초로 포함될 수 있었다.

선진국들은 멕시코 칸쿤에서 진행한 COP16을 통해 개발도상국들을 위해 기후변화 적응 재원을 마련한다는 합의를 한 적이 있다. 2020년까지 매해 1,000억 달러 이상의 기금을 마련해 본다는 합의를 한 적이 있다. 목표치는 이에 크게 미달했다. 2009년부터 2020년까지 모인 자금은 민간과 공공자금을 모두 합해 연간 최소 1,000억 달러의 기후기금을 조성한다고 했었다. 매해 1,000억 달러씩 빈곤국들에 제공하기로 합의했었다. 하지만 1,000억 달러로는 개발도상국에서 기후위기에 대응하는데 턱없이 부족한 금액이다. 빈곤국과 개발도상국들의 입장에서는 빈곤을 탈출하기 위한 과정인 산업구조를 변화하기에도 큰 비용과 시간이 드는데, 기후위기에 대응하기까지는 더 많은 시간과 과정을 겪어야 하고, 그 진통을 극복하는 데도 적지 않은 세월이 걸리기 때문이다. 결국, 매해 모인 기후금융 지원금액은 목표한 1,000억 달러에 미치지 못한 800억 달러 수준으로 그쳤다. 그것도 무상이 아닌 70% 정도의 차관 성격의 대출이라고 한다.

2021년 열린 COP26에선 COP16에서 합의한 적응기금 조성을 2025까지 2019년 대비 최소 두 배 이상으로 적응기금을 확대하는 것으로 합의했다. 2025년 이후 신규 재원 조성에 관해서는 2024년 목표액을 놓고 이를 위한 기술전문가와 고위급장관 회의를 2022~2024년에 개최하기로 최종 합의를 봤다.

　COP26에서는 지난 6년간 열정적으로 협상을 진행했던 국제 탄소 시장 지침을 타결했다. 2015년 채택되었던 파리협정의 세부 이행 규칙(Paris Rulebook)을 완성하기에 이르렀다. 국가와 국가 사이에 온실가스 배출권을 놓고 거래하는 탄소배출권 시장으로 투명하고 통일된 국제 규범을 만들기로 합의했다. 쟁점으로 놓고 있었던 탄소배출 감축분이 기존에 우려되었던 양쪽에 모두 반영되는 '이중계상'을 막자는 상응조정 방안이 있었다. 선진국이 개발도상국에 탄소 저감 사업을 하게 되는 경우 탄소 감축을 실현하게 되면 선진국의 실적인지 개발도상국의 실적인지를 놓고 어떤 국가의 실적으로 볼 것인가에 대한 갈등이 있었다. 이것을 교묘하게 악용하면 양쪽 국가 모두의 실적으로 인정하게 되어버려 사실상 탄소 저감의 의미를 상실하게 만드는 이중계상의 문제가 우려되었다. 이번 합의를 통해 사업지에서 발생한 온실가스 감축 실적이 발생하게 되면 이러한 실적을 낸 사업자가 국외로 이전하는 방안을 내놓게 되었다. 만약 사업자가 이를 어기게 된다면, 사업지 국가의 온실가스 감축 실적은 원칙적으로 인정하지 않는 것으로 합의했다. 한 예로 어떤 기업이 해외에서 온실가스 감축 관련 녹색 사업을 통해 탄소 배출 감축을 인정받게 되어 탄소배출권을 확보해 매각한다고 가정해 보자. 그렇게 되면 해당 사업지의 해당 국가는 배출권을 확보할 수 없는 것이다. 상응조정 방법론에 대한 논의로 온실가스 감축 사업에 대한 정교화 작업과 사업 감독관리 체계 등 후속작업이 필요하기 때문에 시간을 두고 국제 탄소시장 이 작동하기까지는 기다려 봐야 한다.

COP26에서는 파리협정에서 제시한 2100년 지구 온도 상승폭을 산업혁명 이후로 진행된 현재의 기온보다 $1.5℃$ 이내로 제한하는 목표를 다시 한번 정하게 되었다. 목표에 도달하기 위해서는 당사국들이 기존에 제출한 2030년 'NDC'를 강화하기로 합의했다. 여기서 NDC란 국가온실가스감축목표를 말한다. 국제기후변화 대응 기구 중 하나인 '기후행동추적(Climate Action Tracker)'에서는 당사자국들이 2030년 NDC를 종합해 본다고 하면 2100년 지구 온도는 산업화 대비 $2.4℃$ 이상 높아진다는 우려를 표했다.

COP26를 통해 2030년까지 산림훼손 행위로 훼손된 산림을 복원한다는 '산림·토지 이용 선언'에 100여 개의 국가가 동참했다. 2030년까지 배출하게 되는 탄소 중에 메탄 배출량을 2018년 대비 30% 이상 감축하는 '국제 메탄 서약'에 100여 개 정도의 국가가 가입했다. 한국 역시 산림과 토지 이용 선언을 비롯해 국제 메탄 서약에도 모두 참여한 상황이다.

합의를 통한 성과에도 COP26은 여전히 국가 간 이해관계와 핵심 쟁점 사항 관련한 과제를 남겼다. 탄소중립 달성 시점을 놓고 국가 간 견해차가 분명했다. 미국, 유럽, 한국, 일본의 경우 탄소중립 달성 시점을 2050년으로 제시했다. 중국과 러시아, 사우디아라비아와 같이 석탄, 석유등 자원개발을 통해 엄청난 양의 온실가스와 환경오염을 야기하는 국가들은 2060년 이후로 탄소중립을 달성하겠다는 의지를 밝혔다. COP26에서 중국의 정치적 지도자인 시진핑 주석은 참석조차 하지 않았다. 인도는 COP26 기간 중 탄소중립 달성 시점을 주요 온실가스를 배출하는 국가 중 가장 늦은 2070년으로 발표했다. 선진국은 과거보다 더욱 적극적으로 기후변화에 대응하겠다는 뜻을 밝혔다. 중국, 인도, 러시아는 속도와 접근방식이 이와는 달랐다.

에너지 전환과 관련해 COP26 결정문 초안에 선진국은 2030년까지, 개도국은 2040년까지 석탄발전을 재생에너지로 전환하기로 하는 안이 담겼다. 그러나 최종 결정문엔 '탄소 저감 장치가 없는', '비효율적인'이라는 표현을 통해 에너지 전환에 부정적인 태도를 밝혔다. 게다가 인도와 중국의 반대로 단계적 감축으로 (phase down) 스스로 에너지 전환을 늦추어 버렸다.

선진국이 조성하기로 한 적응기금도 구체적으로 어떻게 재원을 조달할지는 합의되지 않았고, 지원이라기보다 차관 개념의 대출로 바뀌었다. 개발도상국이 요구하는 '손실과 피해(loss and damage)' 보상에 관한 어떤 합의도 이루어지지 못했다. 메탄 서약에서도 주요 메탄 배출국이라고 하는 중국, 인도, 러시아, 호주는 서명하지 않았다. 2040년까지 내연기관 차량 판매를 금지하겠다는 협약에는 주요 자동차 생산국인 미국, 중국, 독일이 모두 참여하지 않았다.

　필자가 '기후변화청년모임 빅웨이브'를 통해 COP26에서 각 국가의 입장을 가지고 탄소저감에 관한 모의 토론을 진행해 보았다. IPCC에서 제공한 엑셀 계산기를 통해 온실가스 배출의 주요국 전원이 100% 탄소중립을 한다고 해도 2100년 2.2℃나 상승한다는 것을 보았을 때 적잖은 충격을 받았다. 이번 COP26에서 합의된 결과에 대해 국제적 이해관계는 이해하지만 어렵게 성립된 합의를 유지하는 것도 중요하다고 생각한다. 결국, 지구 온도 상승폭 제한 목표인 1.5℃라는 기존 합의안은 유지하고 있지만 강력하게 끌어내지 못했기에 다음 COP를 기약해 본다.

현대인들의 정신 결핍, 해답은 인공이 아닌 자연

교육현장을 보면 미래세대를 위해 무엇을 해 줄 수 있을지 그 답을 쉽게 찾을 수 있다. 교육이나 멘토링을 하다 보면 쉽게 지치거나 집중하기 어려워하는 친구들이 20년 전, 10년 전, 현재에 이르러 그 수가 더 늘어나는 것을 확인했다. 이런 현세대의 아이들에게 나타나는 증상을 의학적으로 자연결핍장애라고 한다. 요즘 MZ 세대를 포함하여 아이들에게서 자주 나타나는 주의력결핍과 잉행동장애의 원인은 도시화로 인해 유아 시절에 미처 체험해 보지 못한 자연체험의 결핍일 확률이 높다. 현재로서는 이에 따른 치료법 중에 하나로는 단순히 정신과에서 약을 먹는 정도라고 한다. 하지만 이것이 근본적인 해결책이 될 수는 없다. 약을 먹으면 먹을수록 내성이 생기고, 이미 망가진 면역 체계로 인해 더 힘들고 괴로운 새로운 장애와 질병으로 확장될 것이 뻔하다. 그렇기에 아이들에게는 정체성이 형성될 시기에 밤낮으로 산, 강, 바다, 들,

논밭 등에서 서로 함께 뛰어놀게 하는 것이 답이다. 너무 아파서 암이나 질병 선고를 받은 이들이 자연으로 가서 치유하는 것과 같은 원리라고 할 수 있다.

콘크리트와 아스팔트로 가득한 도심에 사는 아이들에겐 온종일 땅 한 번 밟아보는 것은 어렵다. 아이들은 일과 시간 중 대부분을 교실과 학원 그리고 거실을 비롯한 실내에 머물러 있는 동안 대부분 기계와 교감하면서 지낸다. 텔레비전과 컴퓨터, 스마트폰 등의 기계들과 지낸다. 자연과 교감하는 시간, 그리고 사람과 교감하는 시간이 부족하다. 텔레비전도, 스마트폰도 모두가 같은 공간에 있는 사람과도 상호교감을 가로막는 매체다. 각각의 개인과만 소통하게 되면 타인과의 교감이 어려워 공감하기 어려운 사고체계가 자리 잡게 되고, 향후 상대방에게 상처를 주는 말인지 아닌지 분간이 어려울 정도의 무서운 신념에 사로잡혀 무서운 범죄에도 무감각해져 가는 수준으로 이르게 된다. 인터넷은 전 세계를 온라인을 통해 쉽게 접근할 수 있도록 하지만 오프라인에서 함께 살아가는 가족과 이웃의 관계는 멀어지게 만들고 있다.

리처드 루브는 「자연에서 멀어진 아이들」을 통해 자연에서 멀어지고 있는 아이들을 연구하며 지금 세대의 아이들이 보여주는 여러 가지 문제 중 하나로 '자연결핍'을 언급했다. 감각의 둔화와 소아비만, 소아 성인병, 과잉 행동이나 주의력 결핍과 같은 것들은 '자연결핍'이 가져온 결과라고 말한다. 그에 의하면 자연결핍장애란 인간이 자연에서 멀어지면서 생기는 여러 가지 문제점으로 감각의 둔화, 주의집중력 결핍, 육체적, 정신적 질병의 발병률 증가 등을 포함한다. 우리 세대의 대부분은 자라면서 자연과 함께하는 것을 당연하게 여겼다. 다음 세대도 당연히 그러리라 생각해왔다. 하지만 그것은 안일한 생각이었다. 그는 이런 문제점을 자연결핍장애라고 명명했다.

단체 스포츠에 가입하는 어린이는 상당히 많다. 어린이들이 축구단이나 야구단 활동을 하면서도 비만인 이유는 일상에서 자연스럽게 신체를 움직이는 활동이 부족한데 거기에 운동하고 나면 배고픔을 호소하며 즉석식품까지 섭취하기 때문이다.

이에 필자는 2가지 프로그램을 진행해 보았다. '자연이 나에게 다가오는 소리'와 '전자파 줄게 건강을 다오'라는 프로그램이었다. 자연이 나에게 다가오는 소리는 학교의 잔디마저 인공 잔디로 설치하여 단 한 줌의 흙도 체험하기 어려운 아이들을 위해 고안해 보았다. 당시에는 좋은 소리를 직접 녹음하거나 인터넷에서 하나하나 찾았다. 현재는 유튜브에 백색소음을 검색해보면 많이 나오며, 공공기관 중 하나인 국립공원에서는 '국립공원 자연치유 ASMR'을 통해 국립공원 내에서 영상과 함께 훌륭한 수준의 자연의 소리를 느낄 수 있다. 하지만 이것으로는 전자파를 접하는 우리의 일상에서 벗어 날 수는 없어서 '전자파 줄게 건강을 다오'라는 프로그램을 기획해 보았다. 4차 산업 시대에 들어서면서 인공지능 기술이 발달할수록 건강한 신체에 대한 인류의 열망은 높아진다. 인공지능 시대를 살아가는 아이들이 육체적, 지적으로 대비할 수 있도록 창의적인 체육 수업이 필요하다. 뇌 역시 몸의 일부이므로 매일 40분 이상 운동을 해야 뇌 자극으로 집중력, 성취욕, 창의성이 증가한다. 필자의 학창시절을 보면 공부를 잘하는 친구들이 스트레스를 풀기 위해 친구들과 단체로 하는 운동을 열심히 하면서 좋은 결과를 본 경우도 많았다. 우리는 컴퓨터와 스마트폰 등 전자기기를 사용하면서 전자파로 인해 몸속에 정전기가 쌓인다. 맨발 걷기를 하면 몸속 정전기가 발을 통해 땅으로 배출되는 효과가 있다. 맨발로 흙을 밟으면, 소화불량, 불면증에도 효과가 있다. 무좀에도 탁월한 효과가 있다. 흙 속에는 좋은 박테리아가 있어서 맨발로 땅을 밟으면 좋은 박테리아와 상호작용해서 자연치유력과 면역력이 향상한다. 발은 제2의 심장이라고 한다. 맨발로 걸으면 혈액순환이 활성화되고 뇌 자극으로 머리도 좋아지고 치매 예방에도 효과가 있다.

아이들에게 생태환경교육은 우리 주변에 있는 자연과 교감하는 것, 자연의 색깔과 빛을 보고 자연의 소리를 듣는 경험을 확장하는 것으로 이루어져야 한다. 아이들이 만나는 자연은 일상에 지친 심신을 건강하게 만드는 놀이 공간이다. 자연에서는 놀이와 학습이 동시에 이루어지면서 모든 감각이 발달한다. 자연에서 많은 감각기관을 함께 사용하면서 지적인 성장에 필요한 인지구조가 형성된다.

자연에서의 경험은 ADHD(과잉행동주의력결핍 장애) 아이들에게도 긍정적인 영향을 미친다. 필자도 ADHD인 아이를 멘토링한 경험이 있다. 리코더 합주를 위해 만나게 된 아이인데, 늑대울음을 내며 모든 연습을 기피하고 보이기만 하면 도망가던 아이였다. 혹시나 하는 마음에 맨발로 흙을 밟으며 자연 속에서 명상하듯 사색하기도 해보면서 아이가 조금씩 안정되어 가는 것을 목격했다. 그렇다. 아이들은 매일 자연을 접하면 주의집중력이 좋아진다. 창을 통해서 나무를 바라보는 것도 효과가 있다. 나무와 풀이 있는 곳에 직접 있을 때 효과가 더욱 좋았다. 야외활동을 여러 번 진행하다 보면 아이의 행동이 점점 나아짐을 알 수 있다. 이를 통해 자연결핍이 있는 아이가 있다면 이 책을 읽고 나면 시간을 내서 맨발로 깨끗한 흙을 함께 밟는 활동을 해 볼 것을 권장한다.

강은 4대강만 있는 것이 아니란다

한반도를 담은 작은 마을 선암을 품고 있는 비단 빛 물결이 흐르는 영월 이곳에, 이 모든 것을 뒤엎을 만큼 거대한 댐이 지어진다는 소식을 들었다. 때는 1999년이었다. 부모님과는 몇 번 가보았지만 1999년 당시 학교에서 벌이는 환경봉사에 참여하게 되었다. 그 당시의 자연 봉사활동이 필자의 운명을 바꾸었다. 영월 동강 봉사를 나갔을 때였다. 학교에서 보내주는 봉사이기에 별 뜻 없이 진행했다. 아름다운 도롱뇽과 동강 할미꽃이 산다고 할 정도로 깨끗하기로 소문난 동강에는 이미 관광객들로 몸살을 앓았다. 이를 해결하고자 일주일을 꼬박 봉사했고, 그해 겨울에는 맑고 깨끗한 동강을 보게 되었다. 이후 2000년 6월 5일 '환경의날' 기념 담화를 통해 고 김대중 대통령은 동강댐 백지화를 외쳤다. 1997년에 정부에서 강원도 영월, 정선, 평창을 흘러내리는 동강에 댐 건설 예정 고지로 시작되어 2년이 넘어가는 동안 국민적인

동강 할미꽃

반대 운동으로 백지화를 이끌었다. 동강댐 건설이 대통령의 선언
으로 백지화된 순간이었다. 누구라고 할 것 없이 환경을 사랑하
는 이들이 전국 연합의 역량을 집결한 '동강댐 백지화'를 끌어내
면서 우리 사회에 뿌리내린 무제한 건설주의를 극복할 수 있는 생
태주의의 해법을 시민사회에 제시했다. 운동의 과정은 '사람과 자
연의 공존'을 위한 생태적 지혜를 대중화했던 결실로 이루어졌다.
'동강댐 백지화 운동' 기간 동안 다양한 활동을 보았다. 다수의 범

국민 현장조사단을 조직해 국민의 눈으로 동강을 탐사했다. 30일 시민농성단, 동강댐 반대운동의 밤 연주회, 동강댐 백지화를 위한 조선 시대 수로 운송 방식을 활용한 한강 뗏목 시위 등등 기존 생태계 보호운동을 보다 거대한 규모의 퍼포먼스와 문화행사를 실행하여 국민 여론을 성공적으로 끌어냈다. 이에 정부의 백지화 선언을 끌어낼 수 있었다. 2001년 4-H 활동을 바탕으로 2003년 중3 시기에는 전국청소년 봉사대회에서 수상하는 영광을 안게 되었다. 그렇게 봉사가 주는 기쁨을 알게 됐다.

그렇게 지켜낸 아름다운 동강을 보유한 영월은 독특한 숨은 매력을 가진 공간이었다. 사람들로 붐비지 않고 즐길 공간도 많아 개인 또는 소규모 구성원으로 한적한 휴가를 즐기기에 좋다. 당시 사회 교과서에서 한반도 지형을 닮은 사진이 게재되어있는 것을 보았다. 호랑이의 기상을 담으며 초록 털로 덮인 마을 풍경은 한반도를 그대로 옮겨 놓은 듯했다. 영월 동강에서 빨래하고 고기 잡으며 삶을 일구던 이들은 이 매력적인 곳에서 살면서 어떤 생각을 했었을까? 이곳은 아주 독특한 사연을 가진 마을의 배경을 품은 채 숱한 사계절 삶을 함께 공유하고 있었다.

유명 사진작가의 멋진 사진으로 인해 사람들은 이곳을 두고 한반도로 보인다 하여 '한반도 지형'이라 부르곤 했다. 한반도 지

영월 동강의 한반도 지형

형이라고 적힌 이정표를 따라 오르게 되면 사진 속 마을 풍경이
눈앞에 탁 트였다. 오랜 시간 운전으로 얼굴에 누런빛이 드리워질
무렵, 얼굴에 훅-하고 다가온 상쾌한 맑은 산의 공기처럼 맑고 청
명한 대 광경이 거기에 있었다.

　전망대에 오르게 되면 늘 그렇듯이 탄성이 절로 나올 수밖에
없었다. 강가에 쌓여있는 모래와 힘차게 뿌리내린 나무들까지 서
해안과 동해안을 빚어놓은 신이 곧 영월에도 당도한 것처럼 보였

다. 조선의 제6대 국왕인 단종의 슬픈 이야기가 스며든 곳이기에
이 작은 한반도 지형이 선물해 준 신비한 스크린. 그 이상의 의미
를 지니고 있다고 할 수 있다. 어린 왕이 선택할 수 있는 것은 절망
이외에 다른 길은 없었던 그때. 영월은 작고 여린 임금 단종을 슬
픔과 통탄의 시기에 초대했다. 그렇게 여행길은 시작되고 있었다.

  자연이 선사하는 깨끗한 공기를 마시며 어린 국왕 단종이 마지
막으로 걸었던 길을 걸었다. 그 길은 현재 우리에게 어떤 대화를
전해 줄 수 있을까 귀를 기울여 보았다. 단종과 백성들의 이야기
가 깃든 길은 총 세 개로 나누어져 있는 것처럼 보인다. 결국, 모두
가 하나의 길이었다. 통곡 길, 충절 길, 인륜 길을 모두 걸으면 보
기와는 다르게 10시간도 넘게 걸릴 듯했다. 솔치재부터 청령포까
지 영월의 자연과 역사를 엿볼 수 있다.

  배에 오르기 전에 마지막 세대에 접어든 동강의 아이콘 뗏목
을 모는 뱃사공은 과거에는 정선아리랑과 문화를 한강을 따라 전
파한 대상인이다. 과거 동장군이 찾아오면 동강의 중심인 가탄 마
을과 유지 마을을 연결했었다. 배에 오른 지 2분 남짓, 마무리하
는 몸짓과 함께 내려 달라는 안내가 들린다. 영월 강변 저류지 홀
로 남은 작은 섬 마냥 서 있는 청령포는 단종의 유배지로 알려져
있다. 배를 타고 가기엔 가깝지만 걸어갈 수는 없다. 육지 곁에 있
으면서도 따로 떨어져 있다. 외부와 단절된 생활을 할 수밖에 없

다. 이처럼 적막한 곳 어린 단종은 유배 생활을 보냈다.

청령포에 닿으면 넋을 놓고 보는 한 그루의 나무가 있다. 오열하는 소리가 나무 사이로 들려오곤 했다는 관음송이다. 30m 정도인 이 소나무는 두 갈래로 갈라져 자라났다. 600년이라는 세월을 뿌리내린 관음송 그늘에 단종이 쉬어가곤 했다고 한다.

소나무가 우거지고 삼면이 깊은 강물로 둘러싸여 있다. 다른 한쪽은 벼랑이 솟아올랐다. 거리는 가까우나 배로 건너야 한다. 이따금 구름 떼가 청령포의 하늘을 덮는다. 구름 너머 맹렬한 태양이 있지만 구름 아래 청령포 관음송 사이로 고요한 바람 소리로 가득했다.

영월에서 가장 소장하고 싶은 장소를 물었다. 요선정이라고 했다. 대한민국에서 보기 힘든 특이한 바위들이 강물과 어우러져 있다. 그런 아슬아슬한 절경을 절벽에서 바라볼 수 있는 곳이다. 하늘과 강물, 바위와 숲이 모여 감탄을 자아낸 절경은 동강으로 흘러가는 계곡을 따라 우아한 자태를 나타낸다.

'신선이 유람하는 암자'라는 글귀가 바위에 새겨졌다. 조선 시대의 이름난 문필가 양사언의 표현이 과하지 않았다. 요선정의 경관 앞에서 자연이 빚은 예술은 인간의 예술과는 다른 매력이 있다. 오층석탑과 마애불상이 정자와 함께 있다. 쉬고 가는 것이 좋다. 정자에 앉아 법흥 계곡의 물소리를 들으면 요선정에 오르는 보람을 느낀다. 정자 안쪽으로 돌아가야 절벽을 만날 수 있다. 가파른 지형에서 바라보는 풍경이 요선정이 준비한 선물이다. 이 아름다운 동강이 동강댐으로 역사 속에서 사라지게 된다면 필자는 이를 어떤 심정으로 볼까 두려웠다. 4대강 사업으로 인해 그 맑고 깨끗했던 강들이 녹조와 붉은색 실지렁이 등으로 가득 찬 오염된 죽음의 강을 접했을 것으로 생각하니 정신이 아득하다. 필자도 책 집필을 마치게 되면 늘 그래왔듯 영월 동강에서 간만에 환경정화를 진행할 것이다.

환경을 지켜야 우리가 산다

어릴 적 가습기에서 향긋한 향기가 좋아 들이켜 마신 적이 있었다. 살충제 차량이 지나갈 때 친구들과 함께 기다렸다는 듯이 연기와 함께 살충제를 들이마신 적도 있었다. 산업화의 산물인 석탄 가루와 시멘트 가루가 섞여 흩날리는 동네에서 지냈으니 석회수를 마시더라도 아무렇지 않은 듯 담담하게 지냈다. 필자가 살 당시의 오염물질로 인한 큰 피해 사례를 몇 가지 살펴보자면, 1991년 3월 14일과 4월 22일 두 차례에 걸쳐 각각 페놀 30여 톤과 1.3 톤이 두 번에 걸쳐 낙동강으로 유출된 낙동강 페놀 오염사건이 있다. 페놀은 농도 1ppm만 넘어도 암은 물론 중추신경 장애, 희소병 등 일상생활은 꿈도 꿀 수 없을 정도의 치명적인 영향을 끼치는 독극물이다. 이를 마신 당시 영남 주민들이 구토, 복통, 설사, 피부 가려움증 등을 호소했다. 일부 임산부들은 유산을 경험했다고 한 것을 대구에 사는 한 시민으로부터 생생하게 전해

들은 경험이 있다. 당시 그분의 말에 의하면 수돗물로 재배한 콩나물과 수돗물로 만든 두부 등도 다 버려야 했다고 한다. 당시 이 사건으로 인해 대구시에 엄청난 금액을 배상하였고, 당시 금액으로만 20억 가까이 되었다고 한다. 1등 맥주 기업이었던 두산의 OB맥주는 큰 손해를 입게 되었고, 만년 2등을 하던 하이트가 1등을 하게 되었다. OB맥주는 엄청난 매출 감소로 타격을 받았다. 두산그룹은 페놀 사태로 1천억 원 이상의 손해를 보았고, 지금도 식품 계열을 모두 처분하고 중공업을 포함한 공업 계열로 들어섰음에도 그때의 사건을 기억하는 사람들에게는 좋지 않은 시선을 받기에 환경관계자들로부터 요주의 기업을 낙인찍힌 상태이다. 낙동강 페놀 유출사건은 환경문제를 등한시하면 기업이건 정부건 누구건 다시는 일어서기 힘들 정도의 타격을 입을 수 있는 교과서 격인 사건이다.

이것 뿐만 아니라 당시 수돗물을 금지했었던 우리나라 정부는 생수 사업을 전면으로 허용하면서 플라스틱 사용량은 더더욱 늘어만 간다. 생수 기업 관계자의 말에 따르면 생수 하나를 생산하려면 수돗물보다 생산비가 2,200배 이상 든다고 한다. 공장 설비, 채굴, 토지 비용, 환경법을 지키기 위한 비용에 인건비, 물류, 유통, 광고, 마케팅 비용 등이라고 한다. 용기 제작, 채굴, 운반 등 파이프라인 설치 후 틀기만 해도 되는 수돗물에 비해 2,200배 이상의 비용과 전력 등의 에너지를 소비해야만 우리가 일상생활에서 생수를 마실 수 있다는 것이다. 유명 생수 회사에서 생산하는 생수에 오염물질이 발견되고 있음을 언론 매체를 통해 접할지라도 수돗물과 달리 수질 공개나 유통 과정을 비롯한 모든 과정은 전혀 공개하지 않는다. 생수를 구입하고 마실 때 플라스틱도 오염원이지만 플라스틱에 담겨 오는 동안 환경호르몬이 검출되기도 해서 수돗물보다 더 위험하다는 불안도 없지 않다. 필자가 오랜 기간 생수 회사로부터 라벨 없는 생수라도 판매해달라고 민원을 넣었는데, 필자와 같은 생각을 하는 여러 단체와 시민들의 응원 덕분에 라벨 없는 생수가 판매되고는 있지만, 아직도 라벨을 부착한 브랜드 생수가 많다. 한 사건으로 인해 한 지역, 한 사회, 한 국가, 전 세계가 크고 작은 피해를 보는 것을 보면 ESG 경영은 필수라고 할 수 있다.

국내에서 발생한 대표적인 수질 오염 사례로는 '금동호 기름 유출사건', '캠프 케이시 건축폐기물 불법 매립 사건', '시화호 오염', '낙동강 페놀 오염사건', '옥계 페놀 오염사건' 등이 있다. 사람들이 잘 모르는 수질 오염 중 하나는 폐탄광이나 폐공장을 완벽하게 정리하지 않은 경우, 설비 사이사이에 있는 오염물질들이 비가 내릴 때 빗물과 함께 흘러내려 수도원이나 지하수, 강, 바다 등으로 흘러간다는 것이다. 이 모든 것들이 사람이 더 편하게 더 많은 것을 누리려다 발생했다는 것을 보면 머리가 심히 어지럽다.

가습기 살균제 사건은 우리나라에서 유통된 클로로메틸아이소티아졸리논(CMIT)·메틸아이소티아졸리논(MIT) 원료를 이용해 가습기 살균제를 만든 SK케미칼·애경산업·이마트 등에서 가습기 살균제를 구매한 후 가습기의 분무액에 포함된 가습기 살균제로 인하여 사람들이 사망하거나 폐 질환과 전신질환에 걸린 사건을 말한다. 필자도 어릴 적에 가습기 살균제의 향긋한 향기를 맡곤 했었다. 혹시나 폐렴, 비염, 폐 기능 저하, 만성폐쇄성폐질환(COPD)으로 인한 우울증, 공황장애, ADHD, 독성간염, 면역세포 감소, 저감 마글로블린 혈증, 양성종양, 근골격계·신경계통 통증, 염증·다발성근염, 하반신 마비 등의 증상을 겪는다면 환경보건시민센터나 한국환경산업기술원에 문의를 하면 된다.

2021년 11월 기준으로 환경보건시민센터에 문의해 본 결과 가습기 살균제 참사 희생자는 1,725명이고, 피해 신고자는 7,589명이 되며, 가습기 관련으로 병원 치료를 받은 경험자는 80만여 명, 건강피해 경험자는 95만여 명, 제품 사용자는 900만여 명 정도된다고 한다. 이러한 점에서 피해자들에게 모두 보상하기에는 어려움이 따를 것이며, 피해 사실 확인에도 엄청난 시간과 비용을 서로 동반하게 된다. 제품을 생산하기에 앞서 사람과 환경 모두를 고려하는 것이 필수 요소로 자리매김하고 있다.

그렇게 버리면 안 돼

환경보호 활동을 시작했던 1990년대에 비해 2021년을 보면 어린이집부터 대학교나 공공기관에 이르기까지 친환경 설계를 고려한 것을 볼 수 있다. 일부 공공기관의 제로 에너지 빌딩이나 학교마다 설치되어있는 태양광 발전기나 미니 풍력발전 발전기, 농장, 동물을 직접 보고 먹이도 줄 수 있는 보호소 등이 대표적이다. 물을 마실 때 한 학생 당 하나씩 텀블러를 들고 다니는 모습을 보면 환경에 대해 교육현장에서 신경을 쓰고 있다는 것을 확인할 수 있었다. 플라스틱류나 캔류 등을 따로 분리하는 분리수거대가 있는 학교도 있고, 보이지 않는 학교도 있다. 교육하면서 느낀 것은 플라스틱이니 음식물이 묻어 있어도 통째로 버리는 학생도 있었고, 생수통을 라벨이 있는 채로 버리는 학생도 있었다. 쓰레기를 쓰레기통으로 버리는 것도 좋지만 어떻게 하면 잘 버릴 수 있는지를 고민하며 학생들에게 강의한 경험이 있다. 지금부터 제대로 버리는 방법을 함께 알아본다.

종이, 종이상자, 종이팩류

1. 테이프, 스프링, 비닐 표지 등은 모두 제거
   해 주세요.
2. 상자는 납작하게 접어 주세요.
3. 우유 팩, 주스 팩은 내용물을 비우고 물로 행군
   후 접어 주세요.
4. 영수증, 택배전표, 코팅지, 기저귀, 오염된 종이, 벽지 등은 일반 쓰
   레기랍니다.

플라스틱류

1. 유색 페트병과 투명 페트병은 분리해서 버려주세요.
2. 폐스티로폼은 테이프, 스티커 등을 제거 후에 버
   려주세요.
3. 페트병의 내용물은 비우고, 상표 등을 제거한
   후 납작하게 눌러 버려주세요.
4. 깨끗한 흰색 스티로폼만 재활용할 수 있어요.

유리병류

1. 병뚜껑을 제거한 후에 내용물을 깨끗하게 비우고 버려주세요.
2. 소량의 깨진 유리는 재활용이 되지 않아 일반 쓰레기가 돼요.

비닐류

1. 묻어 있는 이물질을 깨끗하게 씻은 후에 버려주세요.
2. 오염될 비닐은 재활용이 되지 않아 일반 쓰레기가 돼요.

철, 캔, 알루미늄, 캔, 고철류

1. 플라스틱 뚜껑을 따로 분리하고, 내용물은 깨끗하게 비운 후에 버려주세요.
2. 부탄가스, 살충제 용기는 꼭 구멍을 뚫어 내용물을 비운 후에 버려주세요.
3. 부탄가스, 살충제는 특히 남은 가스를 제거할 때 조심해야 해요.
   3-1. 통풍이 잘되고 안전한 곳으로 가서 가스를 빼야 해요.

3-2. 용기를 거꾸로 세운 후에 노즐을 눌러 가스를 모두 제거해야
해요.

3-3. 가스가 모두 배출된 것을 확인한 후에는 구멍을 송곳이나
전용 드라이버 등을 활용해 구멍을 뚫어주세요.

기타 사항

1. 재활용 쓰레기를 분리하고 나면 하얀
투명봉투에 담아서 따로 버려주세요.
2. 건전지나 폐형광등은 전용 수거함에
버려주세요.
3. 선풍기나 컴퓨터, 전기밥솥, 다리미 등은
무상으로 수거해가는 업체도 있답니다.
4. 쓰지 않아서 버릴 의류나 기타 품목들은 어려운 이웃들을   위
해 아름다운 가게를 비롯한 기부 가능한 곳에 기부해 주세요. 기
부해 주시면 기부 금액이 산정이 되고 연말정산 때 일부는 세제
혜택을 본답니다.

환경운동을 처음 시작했던 1990년대와는 다르게 분리수거에
관한 인식도 좋아지고, 분리수거를 꼭 지키자는 사회적인 연대를

보면 전보다 더 나은 깨끗한 사회가 만들어질 것이라는 희망이 있다. 힘들게 분리수거를 함에도 수거하는 차량은 분리해서 실어가는 것이 아니라 한 번에 다 실어간다는 것을 보고 충격을 받은 학생들도 있는데, 그렇게 가져간 뒤에 따로 재활용처리업체에서 다시 분리해서 처리한다고 하니 큰 걱정은 안 해도 될 듯하다. 만약 제대로 처리하지 않는다면 행정적인 문제나 예산상의 문제 해결을 위해 분리하는 기술에 관한 연구가 필요할 듯하다.

가장 중요한 것은 쓰레기가 생기지 않도록 하는 시스템의 구축과 쓰레기가 발생하더라도 재활용이 가능한 제품에 관한 연구가 절실하다는 것이다. 그것을 필자와 이 글을 읽는 독자가 함께하기를 바란다.

동물의 소중함, 인간 역시 사회적 동물

자연은 동물에게나 인간에게나 누구에게나 활짝 열고 풍요를 가져다주었다. 하지만 우리 인간의 사는 방식은 동물의 삶의 방식을 방해하고 동물의 삶의 영역을 파괴해 나간다. 우리가 좀 더 편안하게 지내고자 하는 방식이 일상이 되고 그 일상은 파괴가 되어 이제는 외면하고 싶어도 도저히 외면하기 힘든 순간까지 와 버리고 말았다. 자연은 계절이라는 하나의 선물을 안겨준다. 날씨가 따뜻해지거나 더워지거나 시원해지거나 추워지는 것을 반복한다. 내가 좋아하는 따스한 파스텔 색조의 느낌을 한가득 안은 봄이 오면 겨우내 잠들었던 새싹으로 우리를 맞이하고, 겨우내 숨겨두었던 생명을 뿜어내기 위한 온갖 색으로 뽐낸다. 등굣길과 출근길을 맞이하는 노란 개나리와 부끄러움을 가득 머금은 벚꽃은 학교와 직장을 오가는 수고로움을 단박에 덮어주는 고마운 존재들이다. 여름은 비와 더위로 우리를 맞으며, 생명에게 꼭 필요한 물을 한가득 안겨준다. 가을의 풍요로움이 지나고 나면 겨울은 잠시 잠들라며 추위라는 이불을 온 세상에 드리워 준다.

가을은 풍요로움을 안겨주며 시작한다. 바스락거리는 낙엽이 온 거리에 풍요를 드리워주면 향후 거름이 되고 양분이 되어 다음 봄을 맞이하게 해주는 고마운 존재가 된다. 낙엽과 함께 도토리나 밤이나 잣 등을 주워 가던 추억을 대개 떠올린다. 그렇기에 많은 사람이 주워 가는 것에 죄책감을 느끼지 않는다. 정부에서는 오래전부터 은행을 비롯해 임산물을 함부로 주우면 안 된다는 것을 법으로 명시했다. 밤이나 도토리 잣, 버섯 등의 임산물을 함부로 가져가는 것도 불법행위다. 점유이탈물횡령죄라고 하는 법이다. 왜 이런 법이 등장하게 되었을까? 의문을 가진 사람들이 많다. 그 이유는 크게 3가지로 볼 수 있다. 첫째는 과거 은행을 따거나, 길가의 혹은 아파트 단지의 은행나무에 무리하게 올라가 다치거나 교통사고 등의 2차, 3차 피해가 발생했기 때문이다. 둘째는 국유지 또는 사유지의 재산인 만큼 재산 갈취에 해당하기 때문이다. 셋째는 가장 의아하게 들리겠지만 다람쥐나 청설모, 멧돼지, 고라니, 사슴, 산양 등의 야생동물의 주 먹이가 되는 임산물을 주워가니 동물들에게는 식량이 고갈되어 죽음에 이르게 되는 것이고, 동물들은 어떻게든 살아남기 위해 인간의 삶의 공간으로 침투해 농촌, 도심 등으로 출몰이 잦아지게 되는 결과를 낳게 되는 것이다. 도토리, 밤, 잣, 호두 등의 견과류들은 겨우내 동물들을 위한 식량이 된다. 견과류들은 다람쥐, 청설모, 멧돼지, 곰, 고라니 등 소형 설치류와 대형동물들에게도 귀중한 식량이 된다. 또한, 거위벌레 등이 이런 견과류에 구멍을 파고 알을 낳아 열매를 먹으며 집이 되기도 한다. 야생에 떨어진 도토리 등의 견과류들을 잘 살펴보면 구멍이 뚫려있는 경우가 많은데 이런 경우는 벌레들이 집으로 삼고 있다고 생각하면 된다. 동물의 먹이가 되고 곤충의 집이 되는 견과류들은 이후 싹을 틔우고 나무가 되어 생태계의 하나가 된다. 다람쥐나 청설모와 같은 작은 설치류들은 열매를 수거하여 열매를 먹고 저장하는 과정에서 산림에 견과류 나무들이 생기도록 하는 중요한 역할을 한다. 우리에게는 그저 안줏거리나 간단한 간식이라 여기고 작은 열매로 가져가 버리면 새로운 나무가 생겨날 수 없고 생태계가 유지되지 않기에 우리가 야생에 떨어진 열매들을 가져가지 않는 것이 생태계 유지에 도움이 된다.

　야생동물의 먹이를 우리 인간이 가져가게 되면 이들은 먹이를 찾아 인간의 영역으로 침범하게 된다. 등산객을 공격하거나, 등산객이 먹고 버린 음식을 먹거나, 농촌 도심까지 침범하게 된다. 야생동물이 겨울잠을 편안하게 자기 위해서는 식량을 충분히 먹어 지방을 축적하는 것이다. 하지만 식량이 사라진다면, 지방 축적이 힘들어 제대로 된 동면에 들지 못하고 겨울잠 중에 아사하는 상황이 발생한다. 심지어 반달가슴곰은 겨울잠을 자는 동안 출산을 한다. 겨울잠에 들기 전 축적된 지방과 영양의 양이 출산 이후 새끼에게도 영향이 미친다. 이때 충분한 영양공급이 되지 않는다면 새끼를 낳지 못하고, 어미도 죽을 확률이 높다. 결과적으로 우리가 간식거리로 주운 견과류나 열매들이 야생동물을 위협하고, 생태계의 건전성을 대표할 수 있는 깃대종을 점차 멸종으로 이끄는 원인이 된다.

필자의 집 마당에는 감나무를 비롯한 채소와 곡식류를 재배하고 있다. 재배하는 열매, 채소, 곡식류 중 일부를 남겨둔다. 이유는 함께 공생하는 참새와 제비, 고양이, 너구리, 까치 등을 위해서다. 동물도, 인간도 모두 함께 먹고살아야 한다. 이들을 위해 어느 정도 배려해주면 이들은 병충해를 일으키는 해충들을 먹으며 건강하고 깨끗한 친환경 작물로 갚아준다. 물론 이들의 배설물들로 집 구석구석을 청소해야 하는 수고로움은 있지만, 동물과 함께 자란 강한 농작물들은 영양분이나 인간 면역력에도 좋은 작물이 된다. 독자들도 건강한 생태계를 위해 열매를 가득 담은 가방 대신 생명을 가득 담은 생태계를 두 눈으로 함께 바라보면서 미래 세대에게 지속가능한 미래를 선물하는 것이 지금으로서는 최선의 방법이라 생각한다. 채소가 사라지면, 곤충이 사라지고, 동물도 사라진다. 그렇게 되면 결국 우리 인간도 사라진다.

환경 스퀘어

이번 환경 스퀘어에서는 고려대학교와 국립안동대학원을 나왔고, 이학박사이신 이학영 고려대학교 교수님을 소개합니다. 이학영 교수님은 우리가 사는 자연을 사랑하며 수십 년 전국을 누비며, 자연 생태를 연구하는 분입니다. 대학과 여러 단체에서 강의를 통해 생태계에 관하여 진정성을 갖고 대하는 법을 가르치고 있습니다. 어린 시절부터 잔뼈가 굵었다고 하는 교수님은 지금까지 여러 생물을 기르면서 연구하는 것이 즐겁다고 합니다. 한국자생어종연구협회, 한국수생태학회에서 회장을 맡고 있으며, 환경부 DMZ 학술조사위원과 서울시청 생태자문위원 및 한국생태환경연구원 원장을 맡고 있습니다. 고려대학교에서는 평생교육원 수생태 해설사과정의 지도교수입니다. 신문과 잡지를 통해 자연 생태 이야기를 여러 차례 연재한 경험을 지니고 있습니다. 지은 책으로 「내린천 민물고기」, 「하늬와 떠나는 물고기 여행」, 「연어와 잉어」, 「물에 사는 다양한 동물」들이 있고, 자문 감수한 책은 「민물고기 도감」, 「돋보기 자연 관찰」 등이 있습니다.

Q1. 현재 이학영 교수님의 소개와 진행하고 계시는 업무에 대한 설명 부탁드립니다.

고려대학교 평생교육원 자연생태환경전문가과정 총괄 담임을 맡고 있으며, 한국생태환경연구원 원장, 한국자생어종연구협회 회장, 생태과학자, 전국 자연생태계 학술조사단장, 한국자연생태교육학회장, DMZ 생태계학술조사위원, 고려대학교교우회, ROTC학술회 생태칼럼, 환경논설, 생태자문(강연, 책 저술, 감수, 방송 자문, 방송 출연 200여 회)을 담당하고 있습니다.

저서는 「함께 떠나는 물고기 여행」, 「내린천 민물고기」, 「한자 서당」, 「한중일기본한자」, 「강변에 드리운 꽃물」, 「고양하천에서 만나요」, 「연어. 잉어」, 「물에 사는 다양한 동물들」, 「어흥어흥 어름치」, 「수생태학 개론」, 「비무장지대 버들가지」 外 공저 및 감수한 도서 100여 권이 있습니다.

Q2. 수생태 관련으로 얼마나 활동하셨는지요?

오랫동안 활동하다 보니 잔뼈가 굵어졌습니다. 잔뼈는 초등학교 때 굵어졌고, 뼈가 굵어져 성장판이 닫힌 대학생 이후 굵어진 뼈대로 수생태 연구에 전념했답니다.

Q3. 비룡소 그림책 「방긋 웃는 도둑게야」라는 생태 그림책에는 교수님께서 어린 시절 도둑게와 관련된 추억들이 녹아 있는 살아있는 이야기라는 의미에서 많은 호평을 받았습니다. 이 책과 더불어 교수님께서 미래세대에 전해주시고자 하는 메시지가 있으신지요?

유년기의 자연체험은 나이가 들어도 각인되어 언제든 기억 저편에서 살아나옵니다. 우리 유·청소년들이 보다 많은 자연 현장경험을 쌓았으면 합니다. 그러기 위해서는 먼저 이 세상에 태어난 분들의 적극적인 인도가 필요합니다.

Q4. 수생태의 급격한 오염으로 수생태가 많이 파괴되었다는 말이 많습니다. 관련된 세미나와 포럼이 최근 많이 진행되고 있는데, 전문가로서 이에 관련된 조언을 주실 수 있으신지요?

이런 계통의 포럼과 세미나는 대한민국 곳곳에서 시간과 장소를 불문하고 자주 이루어져야 합니다. 지구환경을 살려 후세대에 물려주는 것은 바로 이 시대에 살아가는 먼 미래 조상들이 해야 하는 일임에 틀림없습니다.

Q5. 최근에는 청년들도 환경에 관심을 두고 있지만 대부분 기후, 경제 관련 이슈로 가지고 있는 것으로 알고 있습니다. 앞으로 청년들이 어떤 마음으로 환경을 대하셨으면 하는지요?

제일 먼저 음식부터 남기지 말아야 합니다. 플라스틱 제품, 일회용 제품 등에 관한 거부감 일으키기로 무장하십시오.

Q6. ESG, 기후변화, 지속가능경영에 관해 들으신 적은 있으신지요? 알고 계신다면 말씀해 주실 수 있으신지요?

먼저 이에 관련된 정보에 접근하는 적극적인 자세로 공부하기 바랍니다. 여기에 책 몇 권 분량의 답을 달기보다는 여러분들이 관련 서적을 빨리 구해 몰두하는 자세로 우리의 미래가 환하게 밝아집니다.

Q7. 향후 어떤 길을 가고 싶으신지 말씀해 주실 수 있으신지요?

지금껏 걸어온 길이 비록 뒤뚱거리긴 했지만 아직은 넘어지지는 않았다고 스스로 자부하기에, 이 길 그대로 자연에 맡겨 서투른 학문의 걸음마로 현장에서 탐구를 계속하고자 합니다.

Environment(환경)

Sustainable Development Goals(지속가능목표)

Governance(거버넌스)

Eco Life(지구 살리기)

Social(사회)

Goal(목표)

Sustainable Development Goals
(지속가능목표)

미래세대, 지속가능한 환경도시가 필요해

미래세대가 될 청소년들은 탄소중립을 비롯해 지속가능한 삶을 위한 목소리를 내곤 한다. 미래에도 지속가능한 도시가 되기 위해서는 미래세대가 경험할 능력을 빼앗지 않으면서 기존 세대와 사회적, 경제적, 환경적 영향이 지속가능하도록 설계된 도시를 말한다. 도시가 왜 지속가능성과 연관이 있는지를 묻는 사람이 많았다. 도시는 기후변화에 큰 영향을 미친다. 도시는 지구 전체 면적의 5% 미만 정도이지만 배출하는 온실가스는 무려 70%를 넘어갈 정도다. 우리나라의 경우 통계청에서 2021년 7월에 발표한 '2020년 인구 주택 총 조사 결과'를 보도록 하겠다. 2020년 11월 1일 기준 우리나라의 인구는 약 5,182만 9천 명 수준으로 집계됐다. 이 가운데 수도권(서울·인천·경기) 인구만 하더라도 전체 인구의 절반을 조금 넘는 2,604만 3천 명(50.2%) 수준으로 집계됐다. 이뿐만 아니라 부산광역시 350만 명, 인천광역시 300만

명, 대구광역시 250만 명, 광주광역시 150만 명, 울산광역시 120
만 명 등 광역시에만 1,170만 명 수준의 인구가 산다. 우리나라만
놓고 보아도 대략 3,770만 명 수준이다. 우리나라 인구의 70%를
훌쩍 넘는 수준의 인구가 거대 도시권에 산다는 것이다. 이들을
위해 인구가 상대적으로 적은 울진(6기), 경주(5기), 부산(7기), 영광
(6기)에 총 24기의 원자력발전소가 있고, 전국적으로 55기의 화력
발전소가 운영 중이다. 건설 중이거나 보류 중인 원자력발전소는
6기이고, 건설 중인 화력발전소는 7기이다. 2021년 10월 기준 한
국전력공사 전력통계속보에 의하면 원자력발전(26.9%), 화력 발전
(33.3%), LNG 가스를 주원료로 발전하는 열병합발전(30.4%)까지
합하면 우리나라의 화석연료 발전량 비중은 무려 91% 수준이다.
도시권에 사는 사람들과 중화학공업 중심의 산업으로 더 많은 에
너지 발전과 더 많은 자원을 필요로 한다. 도시는 상업, 문화, 과
학, 생산시설, 사회개발을 통해 경제성과 사회성을 발전하는 데 도
움을 준다. 도시에 살면서 얻는 이점과 이미 잘 닦여진 인프라로
인해 2030년까지 세계적으로 도시 내에 사는 인구는 50억을 넘
길 것이라는 전망은 이미 오래전부터 있었다. 이에 토지와 자원을
아끼면서 일자리 증가와 번영을 하면서 도시를 유지한다는 것은
어려운 상황이다. 게다가 도시에는 혼잡함으로 인해 관리비용, 주
택보급, 생활 인프라 구축, 환경오염 등 해결해야 하는 문제도 많

다. 이를 해결할 수 있는 지속가능한 도시가 되기 위해서는 어떤 환경교육이 필요한지 조성화 수원시 기후변화체험교육관장님을 통해 조언을 구했다.

조성화 관장님은 수원시 기후변화체험교육관 두드림(이하 두드림)에서 관장 역할을 수행하고 있다. 학부와 대학원에서 '환경교육'을 전공했고, 대학 연구교수를 거쳐 두드림에서 일한 지 6년을 맞이했다. 두드림은 환경교육 분야 중에서도 '기후변화 교육'에 특화된 기관으로 연간 10만 명 정도의 시민이 찾는 공간이다. 조성화 관장님은 두드림 운영 전반을 책임지고 있는데, 특히 교육 프로그램이 시민들에게 더 친숙하게 다가갈 수 있도록 하는 데 관심을 두고 있다.

수원시는 2022년 기준 염태영 시장님이 부임한 시점부터(2010. 7월 당선) '환경수도'를 표방하였다. 단순한 선언이 아니라, 실제로 환경과 관련해서는 전국 어느 지역보다 앞서간다는 생각으로 시를 운영하고 있고, 이러한 기조 때문에 수원시 전반적인 영역에 '환경' 가치가 스며들었다고 생각한다. 두드림에서도 환경도시 수원, 환경교육도시 수원에 걸맞은 역할을 하고자 노력하고 있으며, 작은 역할이나마 하고 있다고 생각한다. 기후변화와 관련해서도 행정부서에 '기후대기과'를 신설해서 운영하고 있을 정도로 높은 관심을 보이고, 두드림도 '기후대기과'에서 담당하고 있다.

두드림에서는 환경교육을 진행하시면서 많은 에피소드가 있었다. 두드림 프로그램은 평균 만족도가 5점 만점에 4.7점 이상이고, 재방문율도 60% 가까이 되며, 관람객의 96% 이상이 긍정적인 반응이 있었다. 좋은 에피소드가 많지만 그중 가장 기분 좋은 일은, 두드림 교육을 받고 돌아간 아이들(학생들)이 주말이나 방학을 이용해서 부모님과 함께 다시 방문할 때가 가장 기분이 좋다. 두드림에서 의미 있는 교육을 하고 있다는 생각을 하게 하면서도 재미있고 다시 찾고 싶은 기관으로 잘 운영되고 있다는 생각이 들기 때문이다. 두드림에 대한 교육 만족도가 높은 이유는 다양하겠지만, 가장 중요한 원인은 기관에서 일하고 있는 사람들의 전문성이라고 생각한다. 두드림에는 11명의 상근 인력이 근무하고 있는데, 대학교 때부터 환경교육을 전공한 사람이 2명, 환경교육 전공으로 대학원 이상의 공부를 한 사람이 4명, 사회환경교육지도사 2급 및 3급을 소지하고 있는 사람이 6명이다. 이처럼 환경교육과 관련된 충분한 전문성을 갖춘 인력이 기관에 많은 것이 전체적으로 좋은 교육이 일어나게 하고 있고, 그 때문에 시민들의 만족도가 높다고 생각한다.

2022년 기준으로 코로나 팬데믹이 장기화하면서 일회용품 사용으로 주변의 환경오염이 심각해졌다. 이로 인해 환경교육의 여

건이 어려워졌다. 전염병이라는 시급한 위험 문제로 인해 벌어진 일이다. 당장은 코로나라는 위험이 더 가까이 있기 때문이다. 2022년에는 코로나보다 기후변화와 같은 지구 환경문제가 더 심각하다고 생각하는 그룹이 많아지고 있고, 우리나라도 2050년까지 탄소중립을 하겠다고 2021년에 선언했다. 관련 법도 만들어졌고, 구체적인 계획도 수립이 되었다. 코로나는 이제 한고비를 넘어가고 있으니 더욱 근본적인 문제에 눈을 돌리고, 차차 대응해 갈 것으로 생각한다.

지속가능발전 교육은 이미 상당히 많은 교육 분야에서 진행되고 있고, 더 강화되고 있다고 생각한다. SDGs 17개 목표들을 살펴보더라도 이미 우리 교육 전반에서 상당히 다루고 있는 주제들임을 확인할 수 있다. 이러한 교육들이 지속가능발전 교육이라고 명명되지 않고 있고 교육하는 사람들이나 받는 사람들이 인지하지 못하고 있다고 생각한다. 궁극적으로 좋은 교육은 지속가능발전 교육과 닮아있기 때문에 교육은 점차 지속가능발전 교육의 철학과 가치를 향해 갈 것으로 생각한다.

SDGs의 17가지 목표를 담은 ESG 경영은 기업이 지속가능하기 위해 추구해야 하는 경영 방법이라고 알고 있다. 환경과 사회, 거버넌스를 기업 운영 전반에서 구현하는 것이 중요하다. 지금까지는 모든 대상에게 책무성을 강조하고 있는데 앞으로는 학생들에게는 더 밝은 미래에 대한 비전과 희망을, 기성세대에게는 암울한 미래를 극복해야 한다는 책무성을 갖추도록 해야 하며, 환경교육을 통해 미래세대에도 지속가능한 '환경도시'에서 '환경국가'로 나아갔으면 하는 조성화 관장님의 말씀이 인상 깊었다.

퍼포먼스가 아닌 협력이 중요해진 지속가능 시대

태안해안에서 발생한 삼성 - 씨프린스 호 기름유출 사건을 접하고 현장으로 떠나기로 한 전날, '그래도 여기까지 왔으니 기름을 최대한 걷어내 봐야지'하고 버스를 대절했다. 함께한 일행들의 얼굴에는 예상했던 긴장감 대신 그저 봉사하러 간다는 기분으로 태안해안에 가는 것 같았다. 아마도 전날 기사가 충격적인 인상을 주었기 때문이었으리라 생각한다.

태안의 주민들이 자원봉사자의 도움을 절실히 필요로 한다는 소식을 언론 매체를 통해 접하면서 막연히 기회가 되어 참여하게 되었다. 오전 6시 30분 어둠이 채 가시지도 않은 광장엔 선발대인 대형 버스 3대가 나를 기다리고 있었다. 여러 단체연합회, 새마을운동 관계자들, 청소년 봉사단, 교회 봉사단, 종교단체, 주민 등 총 수백 명은 후발대의 버스에 올라 오전 7시가 넘어서야 태안해안으로 출발했다.

　필자가 향한 곳은 충남 태안군에 있는 만리포 해수욕장 전 의
향 2리 개목항이었다. 자원봉사자들은 각자에게 우비와 마스크
를 지급했다. 자원봉사자들은 환경정화라는 하나의 목표에 고무
되었다. 항구 입구에는 '국민 여러분의 도움이 필요합니다!' '자원
봉사자 여러분 진심으로 감사합니다.' '자원봉사자 여러분들의 따
뜻한 손길을 영원히 기억하겠습니다.'라는 플래카드를 발견할 수
있었다. 태안 주민들의 간절함을 보니 자원봉사자의 손길이 얼마
나 기다려졌을까 생각하며 가슴이 뭉클해졌다.

버스에서 내린 자원봉사자들은 안내에 따라 수건과 옷가지가 들어있는 마대를 하나하나 들고 해안가로 향했다. 언론 매체에서만 보던 검은 해안가는 특유의 비릿한 바다 냄새와 역겨운 기름 냄새가 엉켜 진동했다.

주변은 온통 검은빛이었다. 필자가 생각한 모래로 가득한 금빛 해안과는 전혀 다른 풍경이었다. 끝이 보이지 않는 모래사장 뒤에 삼각형의 산들이 서 있고 모래가 아닌 검은 빛 석유 가루가 가득 깔려있었다. 검은빛 모래사장은 마치 다른 행성에 불시착한 느낌을 주기에 충분했다. 검은 모래사장에서 주위를 둘러보아도 온통 검은 빛이었다. 검은 모래사장은 거대한 캠핑장이 되었다. 전국에서 몰려온 자원봉사자들이 곳곳에 적당히 자리를 잡고 이 상황을 맞았다.

간간이 여기저기서 "세상에, 세상에… 이것 좀 봐…" 탄식 섞인 소리만 들려온다. 경상도 사나이로 억센 톤의 한 남성분은 "세상에 이를 우째, 이를 우째…"를 연발하며 말을 잇지 못했다.

말없이 돌들을 열심히 닦았다. 돌 속에 숨은 돌들도 기름 찌꺼기로 가득했고 땅속을 파 보아도 기름(유막)은 끝없이 나왔다. 돌을 들어보면 게, 소라, 물고기들이 달아났을 해안가는 생기라곤 하나도 찾을 수 없었다. 해안 입구 '이곳은 마을 공동어장으로 사전에 허가받지 않은 무단 채취는 법으로 금한다'는 표지판이 어울리지 않을 정도였다.

돌을 닦는다. 하얀 면을 드러내던 수건도 검게 물든다. 얼마나 지났을지 가늠도 안 된다. 돌을 닦는 봉사자들 이마는 구슬땀이 흘렀다. 돌에 묻은 기름을 닦는거라 생각했더니 이내 어민들의 눈물과 마음을 닦고 있었다. 헝겊으로 기름을 완전히 닦아내는 일이었다. 수많은 자갈 위에는 검은 악취를 내뿜는 기름이 묻어 있었다. 바닷물과 섞인 기름 덩어리는 대자연이 우리 인간에게 '눈물'로 경고하는 듯했다. 자갈 위의 기름은 마치 태안 어민들의 애타며 흘리는 눈물로 보였다. 자원봉사자에게 쉼은 없었다. 쉴 새 없이 기름을 닦았다.

쉼 없이 수양하듯 닦아도 줄어들 기색을 보이지 않았다. 비명으로 가득 찬 검은 광장의 검은 빛 하늘로 가득했다. 자연의 애처로운 투쟁을 이어갔다. 검은 자갈 틈 속에서 스물스물 나온 게 한 마리가 기지개 켜듯 비틀거리며 입속에서 검은 물과 싸움을 이어나가며 한 방울 한 방울 내뱉고 있었다. 싸늘했다. 여린 게는 어린 아이처럼 보여 가엾은 마음에 가슴에 비수가 날아와 꽂혔다. 눈보다 빠른 손으로 이 어린 생명을 닦아내고 최대한 깨끗해 보이는 곳으로 옮겼다.

물이 밀려올 시간에는 봉사 활동을 마칠 수밖에 없었다. 되돌아 나오는 발걸음은 무거웠다. 방제작업의 방식은 아쉬움으로 가득했다. 자갈의 깊이는 0.6m가량 된다. 그 상태로 자갈 위의 부분만 집중해서 닦아냈다. 닦는 즉시 다시 기름이 등장한다. 다른 자원봉사자가 같은 자리에 앉아 다시 작업한다. 작업의 효율성이 떨어지는 것이다.

큰 자갈은 어쩔 수 없다. 그렇다 치더라도 시작 위치를 정해 놓고 한 방향으로 이동하면서 작업해야 했다. 그러면 같은 시간에 훨씬 넓은 구역을 청소할 수 있었다. 전략이 필요한 것이다. 우리 세대의 늑장 대응으로 미래의 보고(寶庫)인 바다가 검은 물빛으로 가득하게 되었다. 우리와 기름유출이 관련은 없더라도 우리 세대가 안고 가야 한다.

미래 세대에게 환경에 관해 감히 어떻게 교육할 것인가? 아득해진다. 작업이 어느 정도 지났을까, 이 상황에도 배꼽시계는 울렸다. 식사하라는 생체 신호였다. 노동하면 밥이 목구멍으로 넘어갔지만, 주변의 검은 기류에 차마 넘기질 못했다.

칠흑 같은 모래사장의 어둠 속에서 꽃이 피듯 바라는 마음으로 닦아냈다. 밤이 되면 밤하늘에는 쌀알을 흩뿌려 놓은 듯 반짝거리는 별이 가득하다. 모래사장을 잠시 벗어나 주차장에 드러누워 밤하늘의 별을 바라보며 늦게까지 남아있던 자원봉사자들과 필자는 이 밤이 생의 가장 비참함으로 가득한 밤 중 하나라고 생각한다.

검은 돌, 검은 자갈, 검은 바다, 검은 모래 속 기름이 기억 속에 가득했다. 어려움을 함께한 자원봉사자들과 모두가 염원하면 생태계 복원이 이루어질 날을 간절히 기도할 뿐이다.

꿈을 실은 철마, 이제 달릴 때가 다가왔다

"꿈을 실은 작은 배, 고향으로 갑시다." 이 가사는 나훈아 가수님의 '고향으로 가는 배'에 수록된 가사 중에 일부다. 한국은 6.25 전쟁으로 인해 많은 이산가족이 생겼다. 1950년 6월 25일 전쟁이 발발한 지 어언 72년이 지났다. 당시 고향을 떠나 남으로 북으로 갈라져 한평생 서로를 그리며 살 수밖에 없고, 지금 현세대는 과거 하나였던 한반도가 둘로 갈라져 평안할 길이 없다. 남북관계가 원활했다면 지정학적으로 반도에 위치해 해운, 육상, 항공로 등의 이점으로 국가와 국민의 발전이 지금보다 더 나을 수도 있다. 문재인 대통령 역시도 얼마 남지 않은 임기 안에 승부를 보려고 했었던 것이 '종전 선언'이다. 종전 선언에 대해 알아보니 크게 6가지 분야로 나누어 이번 책에서 다루어 보고자 한다. 이것은 개인의 의견일 뿐 선택하는 것은 독자의 몫임을 미리 알린다.

종전 선언의 필요성

우리나라는 1950년 6월 25일 오전 4시 20분경 전쟁이 발발하여 1953년 7월 27일 22시 이후 지금까지 2022년 기준 25,000여 일간 정전상태이다. 70년 가까이 되는 정전상태이지만 한반도에 관한 국제 사회의 시각은 여전히 전쟁상태로 보고 있다. 남한과 북한의 군사적인 대립은 불규칙적으로 지속하여 국민은 안보 불안 속에 살고 있다. 우리나라 기업의 주가가 수준이 비슷한 외국의 기업 주가와 비교해 볼 때 상대적으로 낮게 형성되어 있는 것을 '코리아 디스카운트'라도 하는데 이는 남한과 북한의 지정학적인 안보 불안을 주요한 원인으로 보고 있다. 이에 남한과 북한 그리고 북한과 미국은 정상회담을 통해 한반도 평화체제 구축을 위해 합의했다. 적대관계를 완화하고 전쟁 재발을 막기 위한 첫 단계로서 종전 선언은 필요하다고 본다.

평화협정을 위한 중간 단계

종전 선언은 전쟁의 끝을 알리고 우호적이고 협력적인 관계로 나아가겠다는 의지의 표명이다. 단기간 내의 평화협정은 현 상황에서는 어려울 수 있다. 먼저 종전 선언으로 평화 의지를 보이고, 비핵화 보장에 대한 확신을 가진 뒤에 평화협정으로 가야 한다고 본다. 전쟁의 아픔이 더는 지속하지 않도록 하고, 신뢰를 바탕으로 한 우호협력 관계가 확립되어야 한다. 이로써 평화협정이 이루어진다면 전쟁 상태가 종료되었음을 알리고, 전후 처리, 평화 협력 이후 법적 조건 및 절차, 기타 평화를 위한 보장 방안을 통해 국제법적으로 효력을 가지게 되는 것이다.

종전 선언에 참여할 나라들

2018년 4월 27일 판문점에서 선언한 판문점 선언을 통해 남한, 북한, 미국 또는 남한, 북한, 미국, 중국 등이 참여할 수 있다. 남한과 북한은 2007년 10월 4일 남북공동선언, 4.27 판문점 선언과 2018년 9.19 군사합의를 통해 불가침 선언을 했었다. 북한과 미국의 경우 싱가포르와 하노이에서 두 차례에 걸쳐 정상회담을 했고, 판문점에서는 한 차례에 걸쳐 정상회담을 했다. 또한 종전 선언은 남한에서 유럽까지 이어질 철의 실크로드 등을 통해 광대한 무역이 활발해져 경제적으로도 지금보다 나아질 것이므로 러시아에서는 종전 선언을 지지하는 것으로 알고 있다.

주한미군은 철수하지 않는다

종전 선언이 이루어진다고 해도 주한미군에는 변화가 없을 것이다. 주한미군의 동북아 군사력 균형자의 역할은 우리나라 국민의 다수가 동의하고 있고 안정적인 국정 운영을 위해 꼭 필요한 존재이기에 주한미군의 존재는 변화가 없을 것이다. 종전 선언 단계로 진행이 될지라도 평화협정 전인 데다 주변국들과의 힘의 균형을 유지하기 위해서라도 주한미군은 꼭 필요한 존재다. 현재 한미 연합사령관인 폴 라카메라는 미 상원 군사위에서 한미연합사령관 겸 주한미군사령관 관련한 인준 청문회를 통해 종전 선언 이후여도 주한미군의 임무 수행능력은 현재보다 제한되지 않는다는 발언을 통해 주한미군 철수를 비롯한 변화는 없을 것으로 본다.

종전 선언 후의 과정

종전 선언을 한다고 해서 바로 평화협정으로 갈 수는 없다. 종전 선언 이후 남한과 북한의 관계와 북한과 미국의 관계를 신뢰의 관계로 만들고 비핵화와 평화협정을 위해 노력하게 된다. 이후에 남한과 북한은 협력적인 관계가 되어야 한다. 군사적 보장 장치와 군사비용 통제와 경제협력 프로세스를 통해 남한과 북한의 경제력 차이를 극복하는 노력을 기울이게 된다. 평화협정까지 가는 과정은 멀고도 험하다. 그렇기에 지금이라도 복잡하지만 다양한 목표를 가지고 끝까지 인내해야 한다. 이로써 한반도에 평화가 정착된다면 남한과 북한의 주민 모두가 안전하고 행복한 일상을 누리며 번영의 세상을 체감할 수 있을 것이다.

아직 비핵화 문제와 종전 선언 이후 예기치 못할 전쟁의 위험, 주변국들의 예민한 대응이 걱정되는 것은 당연하다. 그런데도 진정한 평화와 통일을 위해서는 어렵고 힘들지만, 대화와 인내가 필요하다고 생각한다. 필자에게는 소원이 있다. "우리의 소원은 통일! 꿈에도 소원은 통일!"

코로나에 울지 말고 일어나

세계보건기구(WHO)에서 발표한 코로나 시대에 맞는 새로운 신체활동 지침을 유심히 살펴보았다. 지침을 보면, 성인 기준으로 매주 150~300분, 시간으로 따지면 최소 2시간 30분~5시간 이상의 중등도 유산소 운동을 해야 한다고 한다. 또한 75~100분, 시간으로 따지면 1시간 15분~1시간 40분가량 격렬한 유산소 운동을 해야 한다고 한다. 어린이나 청소년은 하루 평균 60분 이상의 중등도 유산소 운동을 권장한다고 하며, 65세 이상의 어르신들께는 균형 감각을 기를 수 있는 한발 서기, 체중 이동, 요가나 필라테스, 스쿼트 등의 운동을 권장한다고 한다.

운동의 필요성은 코로나 시대 전이나 지금 현재나 언제든 중요하다는 것은 우리는 모두 잘 알고 있다. 코로나19의 장기화로 국민의 몸과 마음은 지쳐가고 있다. 헬스장이나 단체 운동이 힘든 지금 현시기를 극복하고 있는 건강 전도사 박현복 체육강사를 통해 조언을 구했다.

박현복 체육강사는 "건강하고 살 빼고, 평생 건강 잡는 팁 제공"을 전 국민에게 전달하고자 하는 시민 건강 전도사를 자처한다. 2021년 전국지속가능발전협의회 주관 전국 자전거챌린지대회 우승, 2018년 대전 체력왕 등 체력 관련으로 다양한 수상 경력이 있다. KBS를 비롯해 불교신문, 대전신문을 비롯한 전국의 주요 일

건강전도사 박현복 강사

간지 등에 건강한 삶과 생활 체육과 관련하여 널리 알려진 강사다. 그는 '나다움'을 찾아가는 습관을 다섯 손가락을 펼치며 이야기를 이어나갔다. 첫 번째는 아침 일찍 일어나 몸을 깨우고 독서로 하루 시작하기, 둘째는 끼니는 절대 거르지 않고 잡곡밥에 반찬을 골고루 꼭꼭 씹어서 먹기, 세 번째, 운동은 아침에 눈을 떠서 잠자리에 들기까지 행복하게 재미있게 연구하며 생활하면서 생각날 때마다 실천하기, 네 번째는 가능하다면 밤 11시 이전에는 꼭 수면 취하기, 다섯 번째는 가능하다면 점심을 먹고 나서 약 10분

에서 20분 정도라도 꼭 낮잠 청하기 등을 꼽는다고 했다.

다섯 가지의 생활 속에서 쉽게 실천 가능한 습관은 박현복 강사가 주변 사람들이 모두 건강하기를 바라는 마음속에서 시작되었다. 무역학과를 졸업한 그가 순탄하지만은 않았던 운동지도자의 길을 끝까지 걸을 수 있었던 비결도 주변에 함께 하는 이들이 모두 건강하고 행복하기를 바라는 마음 때문이었다.

그는 대학교에 입학하자마자 체력을 키우기 위해 보디빌딩 동아리에 가입했다고 한다. 그때부터 지금까지 운동을 시작한 지도 40년 가까이나 되었다. 대학생 시절, 강의시간 1시간 전 동아리 방에 방문해 밀대로 청소하며 후배들과 이야기 나누면서 창의적인 방법으로 지금의 생활 운동과 비슷한 방법을 연구하며 운동하던 그 시절을 회상한다고 한다.

그는 지역의 명물이었던 특1급 호텔 피트니스 클럽 지배인으로 26년간 근무했다. 국가에서 공인하는 보디빌딩, 수영, 에어로빅을 포함해 사회체육지도자 3급 자격증을 취득했다. 수상인명구조원, 응급처치구조사, 레크리에이션 2급 지도자 자격증 등도 오직 함께 하는 이들의 건강과 행복을 위해 취득했다.

그는 2018년 여름부터 "소확행 365일 뱃살 쏙 숲속트레킹"이라는 제목의 생활 체육 프로그램을 기획했다. 대전에 소재한 어은중학교 운동장에 모이는 것으로 시작한다. 준비운동과 함께 레

크리에이션 댄스를 배우고 충남대학교 뒤편에 자리한 대덕 사이언스 길을 걷는다. 맨발로 트레킹-정자에서 요가를 비롯해 스트레칭 동작을 배우고 나면 충남대 농대 기사식당에서 그가 함께 해주었던 사람들에게 음식을 제공하며 담소를 나누고 수차례에 걸쳐 페이스북을 비롯한 SNS 친구들과 지역주민들과 함께 모든 일정을 재능기부로 하여 건강강좌를 진행했다. 2022년 코로나 시국인 현재는 대면으로 함께 하기 어렵기에 줌을 이용하여 비대면으로 진행하고 있고, 향후 유튜브를 통해 더 많은 이들과 함께하고자 한다는 포부를 밝혔다.

그는 현재 <내 몸을 살리는 전신근력여가테스>라는 강좌를 진행한다. 대전 시민대학과 옥천읍사무소와 논산시 평생 학습관에서 운동 강사로 활동한다고 한다. '여가'는 여행가기 위함의 줄임말이다. 하루나 이틀의 단기간이 아닌 19박 20일이나 한 달 이상 해외여행을 간다는 가정을 할 때 충분히 버틸 수 있도록 강인한 체력을 키우고 가꾸는 멋진 사람이 되면 다시 태어나는 기분이 아니겠냐며 행복한 미소를 띠었다.

'테스'라는 프로그램의 강좌도 진행한다. 이는 필라테스의 뒷글자 테스와 영화와 소설 제목이다. 유명한 테스를 상상하며 운동을 향한 그의 열정과 주변인들과 함께 행복한 삶을 살고자 하는 그의 순수한 마음을 담았다. 이 프로그램을 수강하시는 분들

은 바로 걷기와 뒤로 걷기로 시작하게 된다. 이후 보디빌딩을 하며
익혔던 서킷 트레이닝에 요가와 선무도와 기천무와 폴댄스와 태
권도에서 경험할 수 있는 동작들의 핵심적인 부문만을 선정하였
다. 이로써 생활 속에서도 즐겁게 운동하고, 연구하는 능력을 키
우고, 전신 근력 강화와 함께 요요현상은 걱정 없는 뱃살이 쏙 빠
지는 행복한 헬스운동을 전파하는 데 목적을 둔다고 했다.

그는 2018년 대전 체력왕 선발대회 장년부에서 체력왕을 수
상했다. 2019년과 2020년에는 58일간 진행하는 대전 자전거
출퇴근챌린지 대회에서 그간의 기량을 쌓아 연속 우승도 했다.
2019년 1월엔 KBS 1TV를 통해 '거북이 늬우스'에 건강 관련으
로 출연했다. CMB에서는 '청춘을 돌려다오'에 건강체조를 알리
는 사람으로 출연했다. 대전 테크노파크가 주관하는 천안 상록리
조트에서 '전국 CEO 대상 평생건강 디자인'을 강의하기도 했다.
2019년에는 '탄동 새마을금고 전 직원 대상 신년 건강 특강'도
진행하며 승승장구하고 있다.

그는 2020년 소망한 버킷리스트에 적힌 첫 번째 목표이자
2020년 9월 22일~10월 19일, 28일간 진행된, 2020 전국자전거
출퇴근챌린지 대회를 위해 열심히 노력했다. 그는 대전광역시 유
성구 대표로 출전해 하루에 무려 200~300km의 상당한 대장정
을 달리며 다른 참가자들은 쫓아 올 수 없는 엄청난 차이로 개인

주행부문 1위를 차지하기도 했다.

그는 2020년 5월부터 8월까지 세종시 교육청 주관 방과 후 프로그램에 참여하기도 했다. 중고등학교 대상 프로그램이었다. 캠퍼스공동화교육과정에서 그는 "체육전공자를 위한 운동팁" 그리고 "러닝맨 즐겁게 운동, 공부"라는 강좌를 진행했다. 이 강좌 모두 학생들과 학부모님들의 입소문을 타고 성공해 그해 최고의 관심과 인기를 얻어 타인과 함께 하는 행복을 몸소 느꼈다고 한다.

그는 2020년 11월 1일에는 안동에 소재한 안동 시민운동장에서 출발해 무려 111km에 걸친 그림을 그린 듯한 풍경이 펼쳐진 안동호반 그란폰도를 자전거를 통해 크게 한 바퀴 돌아보며, 후에 있을 자전거 대회를 준비하기 위해 사전답사를 간 적이 있었다.

그 길은 마치 대전에서 공주로 가는 옛길을 연상하게 했다. 그 길은 험악하기로 소문난 마티제와 같은 고개를 무려 8개 정도나 오르고 내리는 오싹한 느낌마저 드는 험난한 코스였다. 그의 사전에 포기란 없었다. 그는 자전거를 타면서 건강과 자존감이 상승하는 체험을 매번 느낀다. 이러한 자존감이라면 세상 어떠한 어려움이 닥친다 해도 어렵지 않게 극복할 수 있다는 자신감으로 충만해진다고 한다.

그는 건강한 삶을 본인만 누리는 것이 아닌 모두가 함께 누리는 꿈을 꾸고 이를 실현하기 위해 도전하는 것을 노력하고 그것을 넘어 즐기기까지 하는 사람이다. 꾸준히 자전거를 타면서 실천하다 보면 하체가 좋아지고 뱃살도 쏙 빠지는 느낌을 받는데 어느새 확인해 보면 정말 그렇게 됨을 알게 될 때의 희열을 알게 해주고 싶다고 한다. 단백질이 풍부한 음식 섭취와 집중적 상체운동을 하면서 지역을 넘어 전국구의 보디빌딩에도 참가해 우승하고 싶다는 포부를 밝혔다.

그는 진정 대한민국을 아끼고 사랑하는 마음이 가득한 사람이었다. 우리나라 사람들이 질병이나 다른 병을 얻어 병원이나 약국을 찾기 전에 그가 기획한 생활체육형 프로그램 "내 몸을 살리는 전신근력 여가테스"를 만나기를 바란다. 이 프로그램을 통해 어쩌면 150살까지 건강하고 팔팔하게 행복한 삶을 누리는 대한민국이 되지 않을까 소망해 본다.

농업 없는 미래,
지속가능과 멀어지고 있는 우리의 현실

11월 11일이라고 하면 떠오르는 날이 있다. 4개의 스틱을 상업적으로 연계한 '빼빼로데이'를 떠올리는 2030 세대가 많다. 전형적인 행사형 마케팅으로 공식적인 기념일은 아니다. 한국에서만 기념하는 상업적 기념일이다. 빼빼로의 원조 격이라 할 수 있는 포키를 보유한 일본조차도 한국처럼 최대 수준의 마케팅을 벌이지는 않는다. 이날이 되면 편의점 곳곳에서 밸런타인데이, 화이트데이를 넘어서는 1년 중에 최대 수준의 매출이 발생하는 날로 편의점 점주들 사이에는 명절보다도 더 나은 대목으로 손꼽아 기다리는 날이기도 하다. 심지어 2019년부터 시작된 코로나 펜데믹조차도 빼빼로의 인기를 누르지 못했다. 2020년 기준으로 1,260억 원이 팔렸고, 2021년에는 그보다 더 많은 판매량을 기록할 것이라는 예측이 있을 정도다. 10대 청소년들 사이에서도 봄 방학 중에 진행되는 밸런타인데이, 1학기 초에 진행되는 화이트데이보다 삐삐로데이를 더 특별하게 여기며 기념하기도 한다. 봄 방학과 1 학기 초와 비교해 11월에 접어들게 되면 이미 어느 정도 학급 친구들끼리 안면이 있고 친밀도도 올라간 상태이며 연말을 앞둔 시기이기 때문이다. 필자도 11월 11일에 이성 친구들과 동성 친구들 간에, 스승님들과 삐삐로를 나누며 서로를 격려하고 위로했던 추억이 있다.

빼빼로의 추억을 뒤로하고 성인이 됨에 따라 삐삐로의 성분과 제조과정에서 적지 않은 의문을 가질 수밖에 없었다. 물론 삐삐로에 대해서 선택하는 것은 독자의 선택이다. 삐삐로는 우선 자연적으로 생성된 자연물이 아니다. L사에서 생산하는 삐삐로의 주성분을 보면 준초콜릿 1(설탕, 식물성 유지, 코코아 프리퍼레이션, 전지분유, 코코아매스, 밀가루), 준초콜릿 2(설탕, 코코아 프리퍼레이션, 식물성 유지, 코코아매스, 유당), 설탕, 쇼트닝, 가공 연유, 가공버터, 전분가공품, 맥아 진액, 전지분 골드, 정제소금, 산도조절제 3종, 기타 과당, 합성향료 2종, 효소제, 효모, 밀, 우유, 대두(총 30가지 재료 사용) 등을 사용한다. 삐삐로의 주 핵심 재료는 카카오 매스와 밀가루라고 할 수 있다. 초콜릿의 품질을 알 수 있는 척도가 카카오매스의 함유량이라고 할 수 있기 때문이다. 그런데 L사 삐삐로의 경우 코코아매스의 양보다 코코아프리퍼레이션이라는 혼합 물질을 더 강조한다. 이 물질은 카카오매스에 전지분유와 설탕과 밀가루 등을 섞어서 만든 물질이다. 가공버터 역시도 식물성 유지, 색소에 향료에 유화제에다 보존제까지 섞어서 만든다. 즉 자연적인 물질이 아닌 화학성분이 가미된 혼합 물질이라고 할 수 있다. 또한, 산도 조절제와 과당 합성향료 등도 첨가되어 있다. 즉, 가장 중요한 초콜릿의 품질을 알 수 있는 카카오매스의 함유량은 나타나 있지 않았다. 갖가지 화학물질로 재료를 섞어 만든 화합물질의 결과물이라고 할 수 있다. 이뿐 만이 아니다. 빼빼로데이가 다가오면 엄청난 유통량으로 인해 전국의 유통 업자들은 죽을 맛이라고 토로한다. 꼭 필요한 식량도 아닌데 이를 유통하기 위해 엄청난 양의 화물차들이 동원되는데 이때 발생하는 일산화탄소의 양은 어찌 다 측정할 수 있을까 싶다. 빼빼로데이를 돌아보면 2021년만 하더라도 전국의 편의점과 백화점과 할인점 등에서는 엄청난 양의 빼빼로 공세로 눈이 어지러울 정도였다. 이때 쓰이는 엄청난 양의 일회성 포장은 향후 어떻게 처리될지, 재활용 가능한 포장이 아닌지라 빼빼로를 먹고 난 이후에 폐기 처분될 것임에도 불구하고 그 하루를 기념하기 위해 우리는 알게 모르게 얼마나 많은 빼빼로를 처리하고 쓰레기를 버리고 환경을 오염시켜 기후위기에 일조하게 될지 생각해보면 어떻게 해결해야 할지 정신이 아득하다. 2013년 환경운동연합과 환경보건시민센터 등에서 제기한 방사능 의혹과 2015년 제기된 일부 빼빼로 제품에서 화학 냄새와 역한 냄새로 먹지 못하거나 변형되어 상한 것 아닌가 하는 의혹도 제기되었고, 2018년에는 화랑곡나방 유충까지 발견되는 등 위생적으로나 환경적으로나 우리의 안전이 위협당하는 건 아닌지 걱정이 된다. 물론 선택은 소비자의 몫이고 이 글을 읽는다면 독자들의 몫이다. 본인은 빼빼로에 대해 거부하는 사람도 아니고 그저 환경을 사랑하는 한 명의 시민으로서 걱정되는 바를 서술했을 뿐이다.

우리 주변에는 화학물질이 무려 6,000종이 넘게 존재하는데 모든 화학물질이 우리 몸과 환경에 악영향을 끼치는 것은 아니지만 팬데믹 시대에 화학물질이 들어있는 위생제품이나 일회용품에 대한 사용이 늘어나는 만큼 잘 알지 못하는 물질로 인한 피해가 발생할 수도 있다는 것이다.

공식적으로 11월 11일은 농업인의 날로 국가 지정 공식 기념일인 것을 아는 사람은 그 당시에 많지 않았다. 2022년 현재는 그간 국가 차원에서 공익광고나 캠페인 등으로 알게 된 사람들이 늘고 있다고 한다. 농업인의 날을 11월 11일로 정한 이유는 한자 11(十一)을 합치게 되면 흙 토(土)의 파자(한자의 자획을 나누거나 합하여 맞추는 것)를 통해 농업인의 힘든 노고에 풍요가 가득하기를 기념하기 위해 지정된 것으로 알고 있다. 농업인의 날은 원홍기 전

축협 대표가 주도하여 1964년부터 개최되어 기념행사를 열었다. 그가 살던 원주시 지역을 중심으로 행사가 진행되었고, 현재 원주에서도 이를 잘 알고 매년 농업인의 날 하면 원주를 발원지로 알고 있는 사람도 많다. 1996년에 이르러서야 비로소 정부의 승인을 얻어 공식 기념일이 되었다.

'농자천하지대본(農者天下之大本)'은 농경사회였던 우리나라에서 가장 중시하는 근본이다. 농사는 하늘 아래 큰 근본이며, 나라와 가정의 큰 근본이라는 의미로 쓰인다. 농경 중심 사회에서 가장 중요한 가치로 여기고 있다. 지금 현재는 산업화 시대와 정보화 시대를 거치며 그 본래의 의미가 날로 잊혀 가는 것은 아닌가 싶다. 2020년 한해만 하더라도 50여 일간 긴긴 장마와 엄청난 양의 폭우, 강력한 태풍 등으로 전국의 농작물 피해가 집계된 정도만 해도 3만ha 이상이라고 한다. 기후변화로 농지 침수, 시설 붕괴까지 이어져 다음 농사철에 작물의 급격한 생산량의 감소와 생산된 농산물의 품질이 저하되고 그나마 살아남은 농산물마저 병해충 피해 등으로 이어진다. 다중의 악재를 거치며 서민에겐 물가 폭등이 예상되고 그에 따른 삶의 질 저하로 다음 세대에도 끊어지기 어려운 뫼비우스의 띠로 그 악몽은 이어진다.

주변의 농업인에게 물어보면 10명 중 9명 이상이 기후변화의 위력을 과거보다 더 체감된다고 한다. 타 산업군에 비교하여 농업은 자연과 가장 가까이 접하는 산업군이다. 기후변화와 떨어질 수 없는 가까운 밀접함을 가지고 있다. 조선 시대까지만 해도 농사직설을 통해 올바른 종자를 고르고 이모작 삼모작 등의 토지 이용과 거름을 통한 땅의 기운보존을 다루고 각종 작물의 때에 맞는 재배법을 개발하여 당시 조선의 기후와 토양 등에 맞는 맞춤형 사전으로 편찬되었다. 하지만 지금은 기후변화를 넘어 기후 위기로 다가올 정도로 급격한 기후의 변화로 재배 적지가 변화한다. 이상기상의 증가로 우리나라 농업인은 깊은 실의에 빠졌다. 그뿐만 아니라 산업화와 도시화로 농업 인구는 빠르게 감소하여 농촌에서 일할 수 있는 인재가 대거 빠져나갔다. 이제는 초고령화를 맞아 농촌 지역을 중심으로 인구 소멸을 걱정해야 하는 중대한 위기 상황마저 맞이하고 있다.

정부와 지자체에서는 '농촌 지역 뉴딜 전략 추진'을 통해 농촌의 위기를 대비한다고 하지만 아직은 역부족이다. 과거 우루과이라운드 이후로 값싼 외국산 농산물들이 들어와 이들과 경쟁해야 하는 고민으로 가득하다. 이에 따라 농업인을 위한 온라인 농산물 판매 시스템을 정부 차원에서 육성하거나 관리를 해야 한다고 생각한다. 또한, ICT 농업이 가능한 기반을 조성하고, 고품질의 작물을 안정적으로 생산 가능할 수 있도록 스마트팜 육성뿐만 아니라 사업의 안정화를 본격적으로 추진해야 한다고 생각한다. 신

토불이 농산물을 적극적으로 장려하도록 정부와 지자체가 나서야 한다. 이후 정부 부처와 지자체가 조선 시대와 달라진 현대 우리나라에 맞춘 새로운 '농사직설'의 보급과 교육이 필요하다. 원격 조정으로 적은 노동량으로 최대의 수확을 올릴 수 있도록 스마트팜 보급을 적극적으로 장려해야 한다. 부족한 농촌 일손은 미래 농업인력 양성과 농업인 수당 등으로 젊은 농업인을 육성하여 보완해야 한다.

우리나라의 작물로 만든 상품을 애용하는 것만으로도 지역 발전에 큰 도움이 된다. 기후위기에 지친 농민들의 아픔을 달랠 수 있는 좋은 대안이다. 우리나라에서 재배한 작물은 몸에도 이롭고, 지역 발전에 이바지할 수 있고, 환경을 생각한 친환경 행사를 기획하여 전국으로 뻗어 나가야 한다. 11월 11일 농업인의 날 이제는 빼빼로 대신 가래떡을 비롯한 농산물품을 애용하여 기후위기를 극복하고 농촌의 경쟁력을 기르고 나라의 경쟁력을 길러 국제 사회와의 경쟁에서도 이길 수 있는 농업 시스템이 갖추어지기를 간절히 기도해 본다.

지속가능의 필요성, 우리가 겪는 재난에 답이 있다

해마다 무연고 사망자가 증가하는 원인은 빈곤과 가족관계 단절 때문이다. 그중에서는 기후변화로 인해 이에 대응하지 못해 죽는 때도 있다. 코로나19 유행으로 인해 코로나 전에도 경제적으로 빈곤한 사람이라면 더 빈곤하게 만들게 되어버렸다. 이런 상황 속에서 사람들은 서로 간 더 거리를 두어 버렸다. 비대면 거리두기는 복지 서비스마저 바꾸어 버렸다. 기존 돌봄 서비스가 악화하였다. 지역사회복지관과 노인정이나 이를 보조해주는 센터들도 문을 닫아버렸다. 어르신들의 사회적 고립은 더욱 심각해졌다. 무연고 사망을 결정하게 되는 주요 요인 중 하나는 사회적 고립이다. 국내외의 폭염 사망자 연구 등을 통해 이러한 주장이 증명된 바 있다.

지금 현재 인류사회는 전례를 찾아볼 수 없는 기상 이변 현상들을 언론을 통해서 확인하거나 직간접적으로 경험하면서 기후변화가 가져오는 위협으로 하루하루를 불안 속에서 살고 있다. 탄소의 급증으로 지구의 온난화가 심각해져 계절 구분이 희미해져 가고, 세계 곳곳에서 산불과 홍수, 우박, 태풍, 해일, 지진 등 극단적인 재난이 잇따르는 소식이 들려온다. 우리의 활동이 초래하는 기후변화를 어떤 방식으로 완화하고 우리가 꿈꾸던 지속가능한 미래에 다가갈 수 있을지 고민한다.

하루의 생존을 걱정해야 하는 빈곤층의 사람들과 개발도상국의 사람들에게는 기후위기는 치명적이다. 코로나 19가 펜데믹 상황으로 번져 이를 제어하기 위한 봉쇄 조치가 심화하였다는 것은 2022년을 사는 전 인류가 공감하는 바다. 이로 인해 경제활동이 둔화하여 전 세계적으로 경기 침체가 현실로 다가왔다. 일자리를 잃어 비통함에 빠진 사람들은 거리에서 생존을 위해 분투한다.

IMF의 2021년 기준 경제 전망에 따르면 지난 2020년에 세계 경제는 -3.1%로 2019년 +3.0%와 비교해 보면 그 심각성을 알 수 있다. 「UN, The Financing for Sustainable Development Report 2021」를 보면 전 세계적으로 직접 확인된 것만 해도 1억 1,400만 개의 일자리가 사라졌다고 한다. 직접 확인된 수치가 1억 1,400만 개라면 실질적으로는 배 이상의 일자리가 사라졌다고 보면 된다. 현재 있는 일자리 역시도 팬데믹을 근거로 연봉을 동결하면 다행인 셈이고, 연봉을 더 적게 주는 기업도 생겨나고 있다. 절대빈곤 인구의 증가는 말할 것도 없다. 20년 만에 최대치라고 한다.

기후변화는 선진국의 사람들에게도 재난이지만 개발도상국에는 지옥과도 같은 어려움을 선사한다. 지구온난화로 예측 불가능의 기상 이변이 지속한다. 수천 년 동안 생존했던 DNA는 기후변화로 인해 생장 속도를 맞추지 못해 곡물 생산성은 떨어진다. 식량의 가격은 폭등한다. 한 번의 재난으로 끝나는 것이 아닌 2연속, 3연속의 다 연속의 자연 재앙은 미처 대책을 내놓지 못하게 하며 지옥 같은 참극을 낳으며 거리로 매몰차게 나앉게 했다. 강과 호수 등이 이미 메말라 바닥에는 금이 그어져 있다. 이 광경을 목도 하면서 생존을 위해 식수원을 찾아 날마다 끝없는 길을 살아남기 위해 그저 묵묵히 걸어간다. 기후변화에서 기후위기로 이제는 기후재앙이 되어 버린 세상에서 어린이들은 교육의 기회를 박탈당했다. 물건을 쥘 수 있는 5살부터 최저임금 이하의 산업전선에서 아동 노동자가 된다. 성년이 되기도 전에 소녀들은 식구의 생존을 위해 매매혼 등 비정상적인 결혼을 강제로 해야 하는 신세가 된다.

2000년이 되면서 유엔총회에서는 새천년 개발목표인 Millennium Development Goals 즉, MDGs를 의제로 채택했었다. 지구촌의 빈곤을 해결하기 위한 8가지의 목표였다. 2015년을 목표 연도로 정했다. 8대 목표는 1. 절대빈곤 및 기아 근절 2. 보편적 초등 교육 실현 3. 양성평등 및 여성 능력의 고양 4. 아동 사망률 감소 5. 모성 보건 증진 6. AIDS, 말라리아 등 질병 예방 7. 지속가능한 환경 확보 8. 개발을 위한 글로벌파트너십 구축이다. 8대 목표에 기초한 MDGs 보고서는 대부분 달성되었다고 보고했다. 보고문으로만 본다면 1990년 개발도상국 인구의 50% 수준의 절대빈곤 인구의 비율은 2015년에는 14% 수준으로 감소한 것으로 발표했다. 초등학교 등록 인구 비율은 MDGs를 통해 2015년에는 무려 91% 이상으로 목표치에 크게 달성한 것으로 발표되었다. 21세기 빈곤 및 질병 퇴치를 위한 21가지의 세부 목표 가운데 대부분을 달성한 것으로 발표되었다. 이제 다음 계획이 필요했다.

MDGs가 대부분 달성되었다고 생각한 유엔총회는 2030년까지 공동으로 달성해야 할 목표를 새롭게 설계하여 기존 8개에서 무려 17개로 2배 이상 늘려 지속가능한 개발목표인 Sustainable Development Goals 즉, 우리가 언론에서 쉽게 접하게 된 SDGs를 새로운 의제로서 채택하게 되었다. MDGs가 빈곤과 질병 해결에 집중했다면 SDGs는 17개의 목표를 세분화하여 169개 세부목표로 구성하였다. SDGs는 사회적 포용, 경제 성장, 지속가능한 환경이라는 3대 분야를 모두 아우르면서 '인간 중심'의 가치를 중요시한다. 팬데믹과 기후변화로 전 세계의 인류가 시달리는 2022년 현시점에서 지속가능한 개발은 이전보다 더 절박한 생존의 문제가 되었다.

기후변화로 지구의 온도가 급격히 상승하고 있다. 온도상승의 시간을 조금이라도 늦추기 위해 우리는 온실가스를 줄이고 탄소중립을 실현해야 한다는 의제가 가장 화두다. 하지만 이를 위해서는 우리나라에서 현재 연구 중인 DAC(공기 중의 탄소 포집 기술), CCUS(탄소 포집 활용 기술) 기술 실현 가능성과 자본에 관한 과제가 관건이다.

우리나라는 제2차 세계대전의 종전과 1950년 6.25를 연속으로 겪으며 산업기반이 되는 공장과 철도, 도로를 비롯한 인프라, 기술, 자본 등 모든 것을 잃어버렸다. 하지만 근면 성실한 국민성 하나로 빠른 경제 성장을 이룬 나라다. 우리는 과거 겪었던 절대적인 빈곤을 벗어나 세계에서 인정하는 제조업 기반을 가진 산업국가로 성장했다. 전 세계 시장에 우리나라에서 만든 제품이 유명해지고, BTS를 비롯해 우리의 문화 상품들도 세계에서 주목을 받는다.

기후변화 대응에 주력하여 녹색전환을 위한 기술개발과 탄소중립 실현으로 깨끗한 나라를 미래세대에 물려주어야 한다. 주변의 강대국들에 의해 이해관계에 얽혀 충돌하지만 탄소중립을 전 세계에서 가장 먼저 외치고 관련된 시나리오를 COP26을 통해 먼저 선보인 국가가 되어 우리나라는 전 세계에 우리만의 부드럽고 강한 비전과 리더십을 보여주고 있다. 개발도상국에서도 한강의 기적을 벤치마킹하는 만큼 기후변화에 있어서도 벤치마킹하는 기후대응의 선진국으로 발전하기를 기대해 본다.

지속가능 스퀘어

이번 지속가능 스퀘어에서는 민주평화통일자문회의 강원부의장이
신 최윤 부의장님을 소개합니다. 통일에 대한 의견과 특별 자치에
관련된 의견을 나누어 보았습니다.

Q1. 현재 최윤 부의장님의 소개와 민주평화통일자문회의 내 업무에
대한 말씀 부탁드립니다.

민주평화통일자문회의는 통일에 관한 정책 수립을 위해 대통령에
게 자문하는 대통령 직속 헌법 기관이며 통일에 관한 전 민족적 의
지를 결집하는 업무를 담당하고 있습니다. 대통령이 의장이며 국내
외 25개 지역에 지역회의를 두고 각 지역회의에 부의장을 두고 있
으며 저는 강원지역회의의 부의장을 맡고 있습니다.

Q2. 부의장님께서는 강원도가 소멸 위험에서 벗어나는 방법으로 지
방자치 2.0 시대를 여는 메가시티 전략을 말씀하신 적이 있으셨습니

다. 메가시티란 핵심도시를 중심으로 1일 생활이 가능하도록 하는 것
이라고 하셨는데, 기존의 광역시제도와 차이점에 대해서 말씀해 주
실 수 있으신지요?

메가시티 전략은 날이 갈수록 비대해지는 수도권에 대응하기 위해
지역에서 추진하는 전략이며 주 내용은 기본적으로 지역이 합쳐서
덩치를 키우고 합친 지역 내에 인프라 확충을 통해 1일 생활권으로
만들어 단일한 경제공동체로 만들어 지역의 경쟁력을 키우는 것이
목표입니다. 예를 들면 부산, 울산, 경남이 합치고 충청, 대전, 세종
이 하나가 되고 전남, 광주가 하나가 되고, 대구, 경북이 하나가 됩
니다.
그러나 강원도는 메가시티 전략을 추진하기 위한 파트너가 존재하
지 않는 실정입니다. 그렇기 때문에 강원도는 타지역에서 추진하는
메가시티 전략 대신에 평화와 경제가 선순환하는 평화 특별 자치
도를 추진하여야 한다고 생각합니다.

Q3. 강원도는 특성상 남한의 강원도와 북한의 강원도로 나뉘어 있습
니다. 그래서 강원평화특별자치도를 염원하는 도민들이 많습니다.
강원평화특별자치도가 필요한 이유와 평화특별자치도를 통해서 정
부로부터 어떤 지원을 받고 강원도가 어느 정도 성장하기를 기대하시

는지요?

강원도는 분단으로부터 가장 피해를 많이 받고 있고 평화로부터 가장 혜택을 많이 받을 수 있습니다. 강원도로서는 평화가 밥이라고 할 수 있으며 이를 위해 평화자치도 추진을 적극적으로 해야 합니다. 평화자치도가 실현되면 대북 경제교류에서 우선권을 가질 뿐 아니라 특구 지정에 따른 각종 혜택으로 많은 규제가 줄어들게 되고 세제 혜택을 통해 기업의 유치가 확대될 것입니다. 또한, 제주특별자치도의 사례로 봤을 때, 약 10년간 지방교부세와 지방교육 교부세가 다른 지역과 비교하여 1.5배 더 받을 가능성도 있기에 강원도 발전에 큰 동력이 되리라 확신합니다.

Q4. 통일이 된다면, 강원도는 통일 이전과 비교했을 때 어떤 면에서 더 발전할 수 있는지요? 아니면 특별히 얻을 수 있는 자원, 예를 들면 금강산이나 안보적 측면 등에서 어떤 이점을 얻을 수 있는지요?

쉽게 말씀드리면 대한민국에서 서울이나 수도권을 제외한 나머지 가장 빠른 속도로 성장한 지역이 충청 지역입니다. 이는 그 지역의 주민들이 특별히 뛰어나서라기보다 지정학적으로 대한민국의 중간 지대에 존재하는 것이 가장 큰 요인이라고 생각됩니다. 마찬가지로 남북이 통일되면 강원도는 한반도 중심에 있기에 지정학적으로 큰 혜택을 받을 수 있습니다.

또한, 북방경제의 거점으로서 그리고 개성공단과 같은 남북합작 사업을 하는데 유리한 조건을 가지게 됩니다. 올 12월이면 강릉-제진 간 철도 공사가 착공합니다. 이것이 완공되면 강릉에서 런던까지의 철도 노선이 완성되는 것이며 이를 통해 유럽과 중앙아시아에 진출하는 교두보가 만들어져 물류와 이와 연관된 산업의 중심지가 될 수 있습니다.

Q5. 북한과의 교류에 있어 경제교류가 있고 인도주의적 교류가 있는 것으로 알고 있습니다. 부의장님께서 보시기에는 어떤 교류가 강원도의 평화를 위해 좋다고 생각하시는지요?

현재 남북관계가 꽉 막혀있습니다. 이는 유엔 제재로 인한 것이기도 하지만 남북관계의 경색과 우리 정부의 소극적인 태도에도 기인합니다. 이를 해결하기 위해 강원도가 적어도 북강원도에 대한 인도적 지원을 적극적으로 나설 필요가 있습니다. 이를 통해 정부 간 하기에는 부담스러운 대북 지원을 남북지자체가 교류를 통해 숨통을 틀 필요가 있으며 특히 강원도로서는 앞으로 열릴 남북관계에 주도권을 잡기 위해서는 더 적극적으로 나서 향후 남북 교류협력이

열려 치열하게 지자체 간 경쟁이 벌어질 때를 대비한 선제적 투자를 해야 합니다.

Q6. ESG, 기후변화, 지속가능경영에 대해 들으신 적은 있으신지요? 알고 계신다면 말씀해 주실 수 있으신지요?

기후변화가 아니라 기후위기라 할 수 있습니다. 이대로 가다가는 인류가 몇십 년 후에는 멸종의 위기를 맞을 수 있다고 생각합니다. 이러한 문제를 해결하기 위해 화석연료 사용을 획기적으로 줄이고 신재생 에너지 사용을 늘리는 에너지 정책 대전환이 이루어져야 하며 이를 위해 기업은 환경과 사회에 더욱 책임을 지는 ESG 전략을 적극적으로 채택해야 하며 국민도 정책의 변화를 위한 정치적 행동과 에너지 절약을 위한 실천을 해야 합니다.

Q7. 향후 부의장님의 행보에 대해 말씀해 주실 수 있으신지요?

그간 대한민국의 발전은 강원도의 희생을 기반으로 이루어진 것입니다. 휴전선의 3분의 2를 담당하며 안보를 위해 각종 군사규제를 받았고 수도권을 위한 상수원과 산림을 보전하며 모든 분야의 제약을 감수해야 했습니다. 그러나 이에 대한 보상은커녕 푸대접과

저개발이란 고통 속에 강원도민은 살아야 했습니다. 이제 강원도는 안보비용의 전 국민적 부담, 환경비용의 전 국가적 부담을 주장하며 강원도의 살길을 찾아야 한다고 생각하며 이를 위해 계속 노력하겠습니다.

Environment (환경)

Sustainable Development Goals (지속가능목표)

Governance (거버넌스)

Eco Life (지구 살리기)

Social (사회)

Goal (목표)

Governance
(거버넌스)

3부

ESG 중요하다는데 법은 있는가

기후변화로 인한 기후재난은 어제, 오늘의 일이 아니었다. 기후변화에 관한 문제의 인식과 이를 해결해 보고자 하는 노력은 결국 2020년 다보스포럼에서 주요 문제로 거론된 만큼 쟁점화되었다. 기후변화를 비롯해 ESG 쟁점이 주요 화두가 된 가장 큰 이유는 기후변화에 관한 전 세계적 이슈에서 경영자들도 살아남기 위해 기업의 역할과 고객에 대한 가치관의 변화가 한몫했다. 기존의 가치관은 오직 눈에 보이는 성과만을 중요시하는 성과주의였다. 기후변화뿐만 아니라 사람에 대한 인권 역시 중요시되었다. 주요한 사회적 문제를 놓고 이제는 기업의 책임경영 활동이 이슈를 해결하고 우리의 삶에 더욱 긍정적인 영향력을 끼치는 행동이라는 것을 기업도 자각하고 있다.

성과보다는 정의로움이 두드러지는 시대가 되었다. 고객은 이전보다 더욱 안전하고 건강하고 친환경적인 제품을 요구한다. 정부는 이전보다 기업에 더욱 공정한 거래 관계를 요구한다. 지역사회는 이전보다 기업에 더욱 환경친화적 운영을 요구한다. 주주들은 기업에 이전보다 자원 사용 감축으로 인한 원가 절감을 요구한다. 이렇게 다양한 이해관계자의 요구가 서로 맞물려 어떤 기업에는 기회로, 어떤 기업에는 위기로 다가왔다. 이를 해결하기 위한 연구가 선행되고, 현시점에서 기업이 환경과 사회적 책임에 관한 이슈 해결을 해내야 살아남는 시대가 되었다. 이해관계자가 서로 긍정적 관계를 맺고 유대관계가 되어야 극단적인 상황에 노출되는 상황까지 가는 것을 막을 수 있다. 노사관계가 원만해야 기업 성과에도 긍정적 영향을 가져온다. 세계 최대의 투자 회사 블랙록 역시 환경을 무시하는 투자는 발을 빼겠다고 말했다. 이렇듯 투자 시장도 투자 의사 결정 시 ESG 측면에서 위험이 있다면 투자 보이콧을 선언한다. ESG의 가치와 부합하는 기업에 투자하는 규모는 매년 증가하는 추세이다.

ESG 이슈의 등장과 함께 확산은 지금 이 순간에도 가속화되고 있다. ESG 이슈는 그 자체만으로도 복잡성을 띠고 있지만, 그 이슈가 불러오는 파급력은 사회적 관심을 불러일으키기가 쉽다. 1991년 대구 낙동강 페놀 유출사건만 해도 ESG를 실현하지 않는다면 어떤 결과를 불러들일지 뻔히 보이는 사건이었다. 그뿐만 아니라 씨프린스 호 기름유출 사건, 가습기 살균제 사건, 강릉 페놀 유출사건 등 크고 작은 사건들을 보면 이후 기업에 어떤 영향을 끼치는지 알 수 있다. 현재는 SNS를 통해 과거보다 훨씬 빠르고 강력한 영향력을 전파하기에 기업은 이에 맞추어 ESG 위험 관리를 위해 대기업이나 인력 수급이 가능한 기업은 ESG 관련 전담팀을 꾸릴 정도다. 2020년 다보스 포럼 이전에는 정부 차원에서 대기업을 상대로 자율적인 ESG와 CSR 활동을 권장했었다. 이제는 더 나아가 ESG 이슈 대응과 그린뉴딜, 탄소중립까지 국가에서 전격 추진하고 있어 이에 대한 대응이 필요한 상황이다. 이를 위해 글로벌 플랫폼도 등장한 상태이다. ESG 성과관리를 확인하고 제대로 하는지 감사하기 위한 국가별 법안도 만들어지고 있다.

그중에서도 각 기업의 ESG 실천 사례를 비롯해 ESG 경영평가에 따른 정보공개에 관한 제도화가 가장 빠르게 진행되고 있다. 그것은 국가 내에 있는 기업뿐만 아니라 해외에 있는 기업들도 ESG 관련 정보를 공개하고 공유하는 차원까지 진전되었다. 예를 들면 미국에서 삼성전자에 반도체뿐만 아니라 전 분야에 따른 민감한 정보를 공개하자고 요구한 적이 있는데, 그 안에는 ESG 경영평가에 따른 정보도 포함된 것으로 알고 있다. 미국 뿐만 아니라 영국, 프랑스, 독일 등의 국가에서는 이미 일정한 규모 이상의 사업장을 보유한 기업들에는 ESG 경영평가와 사례를 포함해 실질적인 정보공개에 대한 법안을 의무화하는 중이다. 우리나라 또한 비재무 정보공개를 포함한 자본시장법 개정안이 입법 대기 중에 있다.

기업의 지속가능경영에 기반을 둔 ESG 관리 기준과 효과성 등은 여전히 많은 우려를 낳고 있다. 그중 하나가 그린워싱과 ESG 워싱이다. 그린워싱, ESG 워싱이라고 하는 것은 기업이 실제로는 환경에 악영향을 끼치거나 실질적인 친환경이 아닌 제품을 생산하면서도 마케팅, 홍보, 선전 등을 통해 기업을 위해 의도적으로 친환경 기업 이미지를 갖도록 하는 나쁜 행위를 말한다. ESG 이슈를 포함해 환경에 관한 대중의 관심을 이용해 친환경 제품 선호를 악용하여 고의로 나쁜 마케팅을 벌이는 것이다. 그런데도 ESG 투자 시장은 매년 성장하는 추세다. ESG 경영의 핵심인 비 재무제표 영역에 대한 위험 관리에 관한 중요성은 더욱 증가한다. 매년 ESG 관련 이슈에 대한 논란을 해결하고자 하는 평가 방법론은 정교해진다. ESG 경영평가를 위한 컨설팅 회사들의 컨설팅들로 인해 평가 영역은 더욱 세분되었다. ESG 경영은 대세가 되었다. 이제 기업은 환경, 사회, 지배구조 측면의 노력과 성과를 알려야 생존할 수 있다. 단순히 컨설팅이나 언론 매체를 통해 알린다고 되는 것이 아니다. ESG가 대세인 시대에 그렇게 허술하게 지나가지 않기에 선행하는 것이 있다. 컴플라이언스, 즉, 준법경영과 윤리경영이다.

　국제표준화기구인 ISO에서는 기업의 준법경영을 확인할 수 있는 인증기준 경영시스템인 컴플라이언스를 재정했다. 그중 하나인 2010년에 제정된 'ISO 26000'은 국제표준화기구에서 사회적 책임과 관련한 지침으로 만들었다. ISO 26000은 기업이나 단체를 포함한 한 조직에서 지속가능발전에 이바지하는 것을 주목적으로 한다. 법에 대한 준수는 조직의 근본 의무이자 사회적 책임의 핵심 요소다. 이것을 기업으로 말한다면 기업의 사회적 책임을 위한 기본이라고 생각하면 된다. 기업이 준법경영을 준수하지 않는다면 '윈도우 드레싱(겉치레, 워싱)'이라는 비판을 받을 것이다. 컴플라이언스 경영시스템은 규정준수 시스템을 구축하고 실현하기만 할 뿐만 아니라 평가를 통한 개선에 필요한 모든 것을 제공한다. 컴플라이언스 경영시스템은 기업의 유형과 규모와 성격과는 상관없이 모든 유형의 조직에 적용된다. 공공기관과 민간기업만 적용되는 것이 아닌 비영리를 추구하는 기관이나 재단에도 적용된다.

　필자의 저서 「ESG 스퀘어」는 ESG 가치에 부합하기 위해 FSC 인증을 받은 도서다. FSC(Forest stewardship Council)는 산림자원을 보호하고 지속가능한 산림경영을 위해 설립된 산림관리협의회에서 구축한 인증시스템이다. 식물성 대두유로 제작되어 대기오염을 유발하는 휘발성 유기화합물이 없는 콩기름 잉크와 지속가능한 방식으로 관리된 나무로 만든 종이를 가지고 FSC 인증을 받은 인쇄소를 통해 제작해야 FSC 인증을 받을 수 있다. 이외에도 재생 종이로 만든 책도 있고, 비닐코팅을 하지 않은 책도 근래에 서점에서 종종 볼 수 있다. 환경을 파괴하지 않고 지키면서 ESG의 가치를 함께 지킬 수 있는 세상에서 살 수 있는 것은 매력적이라고 생각한다.

이제 우리 주변의 기업을 돌아보도록 하자. 기업 대부분은 자체적으로 준법경영을 이행하고 있다. 인권, 윤리, 환경, 상생 등 이에 부합하는 경영철학이나 사규가 존재한다. 사회적 책임을 다하고 ESG 경영을 하고자 마음을 먹은 기업들은 더욱더 늘어날 것이다. 가장 먼저 '준수'와 '이행'에 관한 실질적인 실현 방안이 필요할 것이다. 오랜 기간 쌓아왔던 훌륭한 기업의 이미지는 단 한순간에 무너질 수 있다. 이런 ESG 리스크를 예방하려면 윤리와 준법에 관련된 사규를 잘 살펴보고 ESG 맞춤형 경영을 지키는 노력이 필요하다. 이제 ESG는 워싱을 통해 부정한 이익을 취하는 수단도 아니고 환경을 포함한 기업 관련된 벌금을 회피하는 수단에서 벗어나 경영진과 고객과 주주와 사내 구성원 모두가 기억하고 이행해야 하는 가치가 되었다.

ESG 소셜센터와 함께 하는 새만금, ESG의 시작점

2020년 11월, SK 최태원 회장은 새만금 투자에 관한 데이터 센터와 창업클러스터 구축에 대해서 언급한 적이 있다. 국내 최초 RE100에 가입했고, 행복경영과 ESG 경영을 표명한 SK그룹의 야심 찬 프로젝트라고 할 수 있다. 새만금에 2조 1,000억 원을 투입해서 데이터 센터를 비롯하여 국내외 IT 기업과 스타트업 등 60여 개 기업을 유치해 창업클러스터 등을 구축한다는 것이다.

새만금 간척 사업은 지금 현세대의 가치와 미래세대의 환경을 앗아간 무서운 사업이다. 33㎞의 방조제로 가로막혀 여의도 면적의 140배 수준인 무려 4만100㏊나 되는 광대한 갯벌이 사라져 버린 사업이다. 당시 농지로 조성된 새만금 간척지는 우리나라의 지도를 바꿀만한 기록적인 사업이다.

농경지 조성을 위한다는 명분으로 우리에게 있어 너무나도 소

새만금 간척지

중한 갯벌이 사라져 버렸다. 갯벌은 밀물과 썰물의 차이로 인해
해안에 퇴적물이 조금씩 오랜 세월에 걸쳐 쌓여 만들어진 소중한
땅이다. 사람의 몸에 비교해 보면 콩팥에 해당한다고 볼 수 있다.
우리 몸에서 생기는 각종 노폐물을 콩팥에서 걸러 준다. 갯벌은
육지에서 나오는 각종 오염물질을 걸러내고 깨끗한 물로 정화해
주는 기능이 있다. 육지에서 접하는 각종 오염물질은 하천을 따라
흘러 들어가 갯벌 지역과 만나게 된다. 갯벌에서 서식하는 생물들

에 의해 대부분 분해되고 정화된다. 갯벌 1㎢당 미생물의 오염물질 분해 능력을 연구해본 결과 하수처리장 1개 이상의 처리 능력을 지니고 있고, 갯벌에서 서식하는 갯지렁이는 500마리 기준으로 하루에 한사람이 배출한 2kg 이상의 배설물을 깨끗한 물로 정화한다. 이 외에도 갯벌에서 오염물질을 정화하는 것에 관한 연구 결과를 보면 미생물과 갯지렁이 이외에도 조개, 게 등 해양생물들은 갯벌을 삶의 터전으로 삼고 있다. 이들을 먹이로 하는 어류와 조류의 서식지도 되어준다.

그뿐만 아니라 기후변화로 인해 발생하는 기후재앙에서 보호해주는 역할도 한다. 육지와 바다 사이에 놓여 있어 서로 간의 완충작용을 한다. 갯벌이 있는 지역은 홍수 때가 되면 스펀지처럼 빗물을 흡수한 뒤 천천히 내보낸다. 많은 양의 물을 저장할 수 있어 수위를 낮출 수 있다. 강의 하류에 있는 하구나 바닷가의 침식을 막는다. 급작스러운 폭우로 인한 홍수 피해를 최소화하는 기능도 있다. 이렇게 갯벌은 수계의 흐름에 영향을 주고 있습니다. 부드럽고 평탄한 지형 덕분에 먼바다로부터 밀려오는 강한 물결의 위력을 약화한다. 태풍이나 해일로부터 입을 수 있는 피해를 최소한으로 완화해 준다.

갯벌은 생태관광으로서의 보전가치도 있다. 휴식과 여가 활동이 가능한 공간으로서 관광의 가치를 인정받는다. 우리나라의 서해안은 평균 수심이 55m 정도로 매우 얕다. 그리고 조수간만의 차가 크다. 그 덕분에 여러 강이 흘러들고 구불구불한 해안 덕분에 파도의 힘이 점점 약해져 흙과 모래와 같은 퇴적물이 퇴적되기 쉽다. 이렇게 전 국토 면적의 2.5%에 달하는 광활한 갯벌이 형성된 곳은 세계적으로 드문데 우리나라의 서해안 갯벌은 미국 동부의 조지아 지역과 캐나다 동부 지역, 아마존 유역과 북해 연안과 더불어 세계 5대 갯벌 중 하나로 그 희소성의 가치를 더 인정받는다. 우리나라 서해안 갯벌은 세계에서도 보기 드문 면적을 자랑한다. 갯벌에 서식하는 다양한 생물들의 보고이자 생태체험 학습장으로의 활용가치는 이루 다 말할 수 없다. 서해안 갯벌은 낚시, 해수욕장과 체험 학습장을 비롯한 레저 공간으로의 이용 개발과 보존의 가치가 높다. 전문가들에 의하면 우리나라 서해안의 갯벌은 그 경제적 가치만 해도 한 해에만 무려 16조 원이나 되며, 보존 가치는 금액으로 따질 수 없다고 한다.

필자도 새만금 간척지를 방문해 보면 간혹 고라니를 비롯해 수달과 멧돼지와 삵 등 야생동물들을 접한다. 간척 사업을 하기 전에는 동물들에게도 최적화된 지역이었던 모양이다. 이제 이 장소에 데이터 센터와 IT 기업 및 스타트업 기업들이 들어선다. 새만금 간척 사업으로 인해 이미 죽어간 수많은 생명과 다시는 살아 생전 찾을 수 없는 갯벌이지만 이제는 20세기와는 달리 환경감수성이 생겨나 환경보호에 대한 대국민 인식이 바뀌었다. 수많은 생명과 잃어버린 기억에 대한 애도와 반성의 의미가 있기에 앞으로 들어설 새로운 신도시와 기업들을 통제할 수 있는 센터를 세워야 한다고 생각한다. 과거에 우리가 저지른 새만금 간척 사업으로 잃어버린 생명과 갯벌의 가치를 다시 한번 새겨야 한다. 미래 세대가 누려야 하는 환경 복지를 빼앗아 간 것에 대한 미안함을 후대에 알려주어야 한다. 우리가 단지 개발에 눈이 멀어 이제는 되찾을 수 없는 갯벌이 지닌 가치에 대해 기억하고 미래세대는 이런 실수를 저지르지 말자는 메모리얼 박물관을 통해 이를 되새겨야 한다. 그렇다면 누군가는 의문을 제기할 것이다. 새로운 건물을 지어 환경을 오염시키게 되는 것은 아니냐는 것이다. 그렇지 않다. 2017년 8월 17일에 게재된 언론 매체를 통해 세계 스카우트 연맹에서 국제 야영 대회를 개최한다는 소식이었다. 2023년에 세계 잼버리 대회를 새만금에 유치한다는 소식이었다. 이 책을 독자들이 읽게 되는 시점은 2022년이다. 바로 1년 뒤인 2023년에 세계 잼버리 대회가 열리고 나면 그 건물은 누군가가 따로 관리하지 않으면 사실상 버려지게 된다. 강원도 내에서만 보아도 2018년 평창 동계올림픽의 경우 강릉과 평창에 지어진 경기장 중에서 평창에 지어진 경기장에 대한 활용 문제로 골치를 앓고 있는 것은 어제오늘 일이 아니다. 또한, 국제 행사 이후에는 해당 경기장이나 해당 건물은 활용하기가 어려워져 다시 철거하는 상황까지 발생하는데 그렇게 되면 건물을 짓느라 환경이 파괴되고, 해체하느라 또 한 번 환경을 파괴하는 결과를 낳게 된다. 그래서 2023년에 세계 잼버리 대회 이후 건물의 활용도가 미미해진다면 그 건물을 ESG 소셜센터로 활용한다는 계획이다. 소중하고 중요한 가치를 지닌 갯벌을 잃은 지역, 이제는 새로운 도시로 탈바꿈하려는 기회의 땅 새만금, 이제는 ESG 소셜센터와 함께 반성과 새로운 시작을 위한 도약으로 삼아야 할 때가 다가왔다고 생각한다.

어렵다던 협상, ESG를 만나면 가능해

설악산에는 추억이 있다. 오색약수터에서 우리나라에서 세 번째로 높다는 봉우리인 대청봉까지 왕복으로 10km 이상, 빠르게 걷는다면 7시간 정도 소요되는 그 길을 걸었다. 눈이 부시도록 빛나는 소금밭이 눈 앞에 펼쳐지는 광경을 한 걸음 한 걸음 소복소복 밟으며 다음 해의 작은 복을 기원하곤 했다. 대청봉까지 가기 힘들다면 설악산의 케이블카를 타고 권금성에서 설악의 시인, 고 이성선 선생께서 노래했던 '속초가 속초일 수 있는 것은 청초와 영랑, 두 개의 맑은 눈동자가 빛나고 있기 때문이다'라는 대목이 권금성에서 속초 시내를 바라보며 나온 대목이 아닌가 할 정도로 아름답게 빛나는 것을 볼 수 있다. 한 지인과 설악산에 관련되어 대화를 나눈 적이 있다. 오색약수터에서 대청봉까지 케이블카를 설치한다는 이야기였다. 지인은 이렇게 이야기한다. 우리가 같이 눈 덮인 설악산을 오르내리는 것을 보면서 스위스의 융프라우가

설악산

떠오른다고 한다. 융프라우까지 도달하는 기차는 해발 1,034m
에 있는 그린델발트역에서 '유럽의 지붕'이라고 불리는 융프라우
로 향한다고 한다. 해발 2,061m에 도달하게 되면 클라이네 샤이
텍역에 가까워진다. 그때 기차는 구름 위로 올라간다. 이때부터
탄성이 터져 나온다고 한다. 봉우리 사이로 뭉게구름들이 기찻길
옆으로 짙게 깔린 모습부터 장관이라고 한다. 구름조차 바닥에서
멀어져 갈 정도로 올라가면 거대한 얼음과 바위의 장벽이 하늘
을 가리는 모습이 해외 드라마 '왕좌의 게임'에 나오는 빙벽 같다
고 한다. 왕좌의 게임에 등장하는 스타크 가문 사람들이 "겨울이

온다(Winter is coming)"고 표현하던 웨스테로스에서 북쪽 국경을 방어하는 얼음벽 같이 보인다고 한다. 거대한 빙벽을 지나가다 보면 정상이 보이고, 평화로운 초록색 능선이 내려다보인다고 한다. 그 압도적인 광경에 사람들은 놀라움을 감추지 못한다고 한다. 그러면서 지인은 우리는 스위스처럼 기차는 연결하지 못할망정 케이블카마저 쉽지 않은 현실이라며 한숨을 쉬었다. 케이블카를 설치해야 자연훼손을 줄이고 설악산이 가진 좋은 경치를 구경하면서 설악산의 보존 가치를 더 높일 수 있다고 한다. 등산로를 환경 감수성 없는 사람들이 다니면서 자연훼손이 더 심해진다고 하는 것이다. 산양을 포함한 동물들은 케이블카를 설치하면 다른 곳으로 이동하기 때문에 동물을 죽이거나 해를 끼치지도 않는다는 것이다. 오히려 케이블카가 설치되어 발밑에서 동물들이 지나가면 해외에 설악산의 참가치를 알릴 수 있는 좋은 구경이 될 것이라고 한다. 지인의 말을 들어보면 그럴 듯했다. 이미 환경부나 원주환경청에서는 보존 가치가 높은 지역이기에 개발하는 것을 허가하지 않았지만 이미 인근에서 한국전력공사의 송전탑 건설이 확정되었다. 이에 케이블카설치 찬성자들은 절대적으로 보존해야 하는 가치가 있다면 왜 송전탑 설치를 허가하는지 의문을 제기했고, 환경부와 국립공원공단을 포함한 환경 측면으로만 접근하는 이들은 케이블카설치를 반대하여 원만한 합의가 어려울 것으로 보인

다. 하지만 국립공원공단 산하 '국립공원공단 종 복원 기술원'에
서 5년간 연구한 결과 이 지역은 산양의 주요 서식지가 아니라는
결론을 내렸다. 양양군에서는 2022년부터 관련 사업을 시행하기
위해 박차를 가할 것이다. 국민권익위원회 중앙행정심판위원회도
케이블카사업에 찬성하는 쪽으로 손을 들어 주었다. 강원도 내 주
요 일간지인 강원일보와 강원도민일보도 설악산 오색케이블카에
대해 호의적인 여론형성이 되어 있어 2022년 내에는 설악산 케이
블카 관련 공사가 시행될 수도 있겠다.

　28마리의 양 때문에 2만 8,000명의 양양군 사람들이 힘들어
한다는 기사를 보았다. 결국, 환경보다는 '사람이 먼저다'라는 것
이다. 그럴 듯 했다. 사실 2015년까지 세계의 빈곤을 반으로 줄인
다는 목표를 가진 밀레니엄 개발 목표(Millennium Development
Goals, MDGs), 2016년부터 2030년까지 전 세계 빈곤 문제
와 지속가능한 발전을 위한다는 지속가능발전목표(Sustainable
Development Goals, SDGs) 둘 다 사람을 위한 의제가 맞다. 환경
은 점점 파괴되어 가기에 환경을 지키자는 인식에 대한 분위기는
30년 전과 달리 크게 호의적으로 바뀌었다. 환경보호를 위한다는
명분에는 생태계 파괴의 종착역은 인간이라는 것에 앞서 말한 2
가지 의제와 더불어 ESG가 등장한 것이다. ESG는 이미 익히 들
어서 유명해졌다. 환경, 사회, 지배구조(Environmental, social and

corporate governance, ESG)를 말한다. 기업의 비재무적 요소 중 세 가지인 환경과 사회와 지배구조를 이번 설악산 케이블카 논쟁에 대입해 보고자 한다.

이미 환경은 환경부나 국립공원공단 측에서 환경영향평가를 진행하겠지만 송전탑이 지어짐과 동시에 설득력을 잃을 것이다. 그런데도 환경영향평가처럼 어려운 개념을 논하지 않고 E(환경) 관련으로 우려되는 점을 흘림골 탐방로의 예로 들어보겠다. 2006년 여름, 300t이나 나가는 바위가 홍수로 한계령 도로까지 구른 사건이 있었다. 2015년 8월에는 낙석사고로 탐방객 1명이 목숨을 잃기도 했다. 수많은 탐방객을 위해 안 그래도 아슬아슬한 지형을 무리하게 개방하고 개발한 것이 전문가들이 내놓은 의견이었다. 아무리 단단한 암반을 갖춘 산이라 할지라도 케이블카 운행을 위한 정거장처럼 무거운 건축물을 아슬아슬한 지형에 올려놓는다면 무슨 문제가 생길지 의문이 든다. 다 무너진 다음에 환경보존의 가치를 논하기에는 어려울 것이라는 생각이 든다.

이제 S(사회)와 G(지배구조)가 남았다. S의 경우는 안전 측면의 문제를 논할 수 있고, G의 경우는 수익구조와 예산문제를 논할 수 있겠다. 안전 측면으로 접근해 보겠다. 케이블카 공사는 우리가 일반적으로 생각하는 공사보다 난도가 높은 위험한 공사다. 우리나라에서만 보더라도 2017년에 충북 제천시 청풍면의 케이블카 공사에서 2명이 사망하고 3명이 다쳤다. 무언가 사활을 걸어야 하는 사업이라면 공사 기간을 조금이라도 단축하기 위해 무리한 공사를 진행하게 될 것이다. 사람이 먼저라는 국가에서 무리한 공사로 사람의 생명을 잃게 된다면, 누가 책임질 것인가를 묻는다면 "내가 책임지겠다."라고 나설 주체가 정부 부처, 공공기관, 기업, 민간 중 누가 먼저 나서기를 꺼릴 것이다. 2021년에는 춘천 삼악산 케이블 공사현장에서 1명이 추락하여 다쳤다. 공사 중에만 해도 안전에 관련된 부담을 안고 가야 한다. 공사가 끝나고 준공을 하고 운행을 한다고 해도 케이블카 운영 시 정비의 문제나 불량케이블카의 문제, 지형의 문제 등으로 탐방객의 생명에 문제가 된다면 그런 사태가 발생 시에 누가 책임을 질지 모를 일이다. 권익위원회, 양양군, 케이블카 시공 업체, 관리하는 기업 또는 기관, 케이블카를 찬성하는 수많은 관계자 중 누가 먼저 나서기를 꺼릴 것이다.

G(지배구조)의 경우는 수익구조와 예산문제를 논할 수 있다. 우리나라는 케이블카 광풍인 상황이다. 필자가 조사한 것만 보아도 산악형 케이블카와 해상케이블카를 합하면 70여 곳이 넘는다. 기본 예산만 해도 최소 100억대 이상이며 설악산 케이블도 500억 이상의 예산이 편성될 예정이다. 이 중에 소수 케이블을 제외한 대부분은 적자를 기록하고 있다. 코로나를 비롯한 펜데믹으로

거리두기와 탐방객 인원을 제한하게 된다. 케이블카가 설치된다고 해도 그 수익의 주체는 케이블카 사업자와 관련 인프라 사업자가 될 것이다. 관광이 활성화될 때에도 비 관광지보다 비싼 물가를 감당하기 어려워 음식을 비롯한 일용품을 미리 가져오는 것도 오래전 일이 되었다. 케이블카를 설치만 하는 것만 해도 많은 예산이 소요되지만 케이블카 설치 이후에도 정비와 예방 및 관리를 위한 예산도 최소 10억 이상이 편성된다. 그 사이에 케이블카 관련된 사고가 발생한다면 사고를 당한 피해자에게 관련된 보상비를 주기도 해야 하고 사건 사고가 발생하게 되면 케이블카로 인한 직접적인 사고가 아님에도 불안한 마음에 탐방객의 수는 확연히 줄게 된다. 이는 수익의 불균형을 초래하며 지속가능하지 않은 사업이 될 수 있다.

위에서 잠깐 언급한 ESG를 통해 환경뿐만 아니라 사회와 지배구조 면에서도 케이블카 사업 하나만으로도 고려할 사항이 많다는 것을 알 수 있다. 협상을 해보자고 한다면 기존의 환경영향평가 하나만으로는 불가능한 협상을 ESG를 고려해 본다면 이해관계자들을 협상 테이블로 이끌 수 있다.

사실 이것 외에도 논할 수 있는 것은 상당히 많다. 그런데도 여론의 확장과 이해관계자들의 의지가 확고하다면 언젠가는 시행될 것이라고 본다. 필자는 이에 대해 확고한 반대나 찬성을 말하기는 어렵다. 설악산 케이블카 사업이 허가된다면 지리산이나 팔공산 등 설악산만큼 보존 가치가 높은 산들에도 케이블카가 설치될 확률이 높다. 사업이 백지화된다면 설악산이 가진 자연에 대한 환경보존가치가 더 인정받은 것이 된다. 사업이 시행된다고 하면 이미 돌이킬 수 없는 일이므로 더 이상의 논쟁은 의미가 없다. 다만 사업이 시행된다고 한다면 케이블카 근처에 설악산 환경보존에 대한 메모리얼 전시관을 작게나마 지어주기를 제안한다. 이것을 통해 우리가 파괴한 환경의 참가치와 산의 역할을 인식시키고 미래세대가 누릴 가치를 훼손한 것에 대한 반성과 향후 환경을 비롯한 국가의 사업에 대한 고찰을 해보는 장소가 될 것으로 생각한다.

케이블카에 대한 설치를 찬성할 것인가 반대할 것인가에 대해서는 이 글을 읽는 독자들의 살아있는 양심에 맡기겠다.

숲이 사라지고 나서야 드론을 찾게 된 사람들

필자는 전국에 있는 산악형 공원, 도심형 공원, 해안형 공원 등을 방문하면서 쓰레기가 보이면 정화작업을 진행하고 있다. 단순히 줍고 모으고 버리기만 하는 것이 아니라 쓰레기들이 인체에는 어떤 영향을 끼치는지, 생태계에 어떤 영향을 끼치는지를 연구해 본 적도 있다. 재활용과 비 재활용 쓰레기는 어떤 과정으로 처리되는지 현재까지 알게 된 사실들을 바탕으로 새로운 처리 시스템을 기획하고 있다. 현재는 환경 감수성 향상을 위해 전국의 어린이집부터 연륜과 학식을 쌓으신 어르신들에 이르기까지 다양한 계층, 다양한 연령대의 분들을 대상으로 환경교육을 진행한다.

과거와 비교하여 환경교육을 비롯해 수많은 분들이 오랜 기간 환경보호의 중요성을 알려주신 덕분에 환경 감수성을 가진 사람들은 늘어나고 우리나라의 환경보호에 대한 인식은 늘어났으며, 환경에 대해 생각하는 분위기도 바뀌었다. 국립공원 내 쓰레기를

강원 산불

버리는 양이 매해 2~3% 가량 줄고 있다. 그래도 매해 1,000여 t
이상 버려진다. 우리가 버린 쓰레기는 분해되어 계곡에 흘러 들어
간다. 지하수와 상류에도 흘러가게 되어 물과 토양을 오염시킨다.
바다로 흘러가면 미세플라스틱을 포함한 미세물질이 되어 해양생
태계의 온전한 시스템을 파괴한다. 지하수나 호수 그리고 강에서
바다로 가는 물은 수증기로 증발하여 구름과 하나가 되어 떠돌게
된다. 수증기로 기화된다고 해도 미세플라스틱도 함께 기화되어
구름과 하나가 되어 떠돌다 비가 되어 내리면 우리가 마시는 물과
먹는 음식으로 가게 된다. 결국, 우리 인간이 섭취한다. 아낌없이

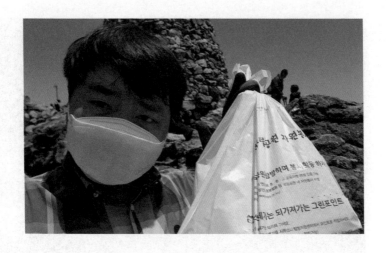

주는 자연을 훼손한 끝에 그 대가의 종점은 바로 우리 인간이다.

*플로깅(plogging): 스웨덴어의 줍다(plocka up)와 영어단어 달리기(jogging)의 합성어로 봉사활동으로 걷거나 뛰면서 길거리의 쓰레기를 줍는 활동을 뜻하는 신조어.

줍깅*을 종종 하면서 발견되는 라이터나 담배, 휘발유를 비롯한 기름과 캠핑할 때 쓰이는 가스버너 등의 인화 물질을 볼 때마다 강원도에서 발생한 크고 작은 화재가 기억난다. 2021년 2월 20일 정선에서 12ha 규모의 화재가 발생했다. 2020년에는 5월 강원도 고성에서도 화재가 발생했다. 2019년 4월 고성·속초 산불은 1,266ha의 산림피해와 함께 국가재난사태가 선포될 정도로 큰 규모였다. 그 당시를 회상해보면 전국의 가용 소방차량과 인력이 동원될 정도로 엄청난 규모였다.

2019년부터 2020년까지 호주 산불로 고통을 겪었던 때를 기억하고 있을 것이다. 2019년 9월 2일 호주 남동부 지방에서 발생한 전례 없는 대규모 산불은 2020년 2월 13일까지 무려 5개월하고도 11일이나 지나서야 진화되었다.

연무는 호주와 뉴질랜드, 남아메리카 대륙 태평양 연안까지 퍼졌다는 기록이 있다. 일부 보도를 보면 도쿄만까지 연기를 동반한 안개가 관측될 정도였다고 하니 한 국가의 문제가 해당 국가의 문제로 끝나는 것이 아니라 연쇄적으로 다른 국가까지 괴롭히는 문제가 될 수 있다는 사건으로 기억되는 것이다.

이 엄청난 산불로 호주 사람들의 재산피해가 심각했다. 그뿐만이 아니다. 실업률이 급등하고 중국과 관련된 악재까지 겹쳤다. 이는 호주 경제에 엄청난 직격타를 날리게 되었다. 2019년 9월 2일 대한민국 원 기준으로 최저 872원이었던 호주 달러는 2020년 2월 13일 화재가 진압되고 난 뒤에 원 기준 최저 820원까지 폭락했다. 같은 해 브라질에서 발생한 아마존 산불, 2016년 캐나다에서 발생한 포트맥머리 산불 등 21세기 들어서만 해도 산불의 급증으로 지구촌의 생태 시스템은 커다란 위기를 맞고 있다. 원인은 많지만 그중 하나가 기후변화라는 전문가들의 의견이 있다.

산업혁명 이후 100년(1911~2010) 동안 지구 평균온도는 0.75℃
나 오르게 되었다. 전 세계적으로 폭염, 폭우, 열대야의 일수는 꾸
준히 증가한다. 1,000년에 한 번 맞는 홍수나 눈 한번 내리지 않
은 지역에 눈이 내리는 말도 안 되는 기상 이변 현상으로 미처 대
비하지 못한 지역에서는 큰 피해가 속출했다. 기후변화와 이로 인
한 자원 부족으로 생필품·원자재 가격은 상승했다. 기업은 경영
과 운영에 있어서 전략을 크게 바꾸어야 했다. 2000년부터 2010
년까지 대한민국 강수량은 10년간 끝을 모르고 증가했다. 2010
년이 되어서야 정점을 찍고 난 후 10년간 평균적으로 줄어들었다.
갑작스러운 강수량의 증·감소는 곧 토지나 숲의 생태계 시스템에
혼란을 가져다준다. 수분이 급격히 감소하면 이는 화재의 원인이
된다.

숲의 가치는 해를 거듭할수록 더욱 높아지고 있다. 1945년 해
방을 맞이한 이후 발발한 1950년 6.25 전쟁으로 온 국토는 불바
다가 되었다. 1953년 정전협정 이후 산림녹화를 비롯해 온갖 노
력을 통해 민둥산에서 금수강산의 아름다운 산림 대국으로 변화
한 것은 세계에서 유례를 찾을 수 없다. 이렇게 어렵게 이룩한 산
림 대국의 위상은 방심하는 순간 사라질 수 있다. 이는 국가의 수
치이며 미래세대의 가치가 훼손되는 것이다. 국립공원을 포함해
산이나 바다 도심지에 쓰레기나 인화 물질을 버리지 않는 습관을

기르는 것이 중요하다. 그것은 어린 시절 인격이 자리 잡을 시점부터 환경교육을 더 체계적으로 진행해 환경 감수성을 안겨주는 것에서 시작한다. 필자는 전국 어린이집부터 초·중·고와 대학, 각 기관과 어르신에 이르기까지 환경교육을 주도적으로 진행하고 있다. 이를 통해 환경 감수성을 지닌 국민을 토대로 진정한 탄소중립이 이뤄지는 우리나라가 되기를 기대해 본다.

필자는 교육뿐만 아니라 이미 2018년에 환경부나 지방 환경청, 광역시청과 도청, 지자체에 화재로 인해 숲이 타격을 입을 것이니 드론 소방대를 조직하라는 제안을 온라인과 오프라인을 통해 직접 진행했다. 하지만 그 당시 그들은 예산문제와 실현 가능성이 작다고 언급했고 2019년 강원도 내 대형 산불을 경험하고 나서야 비로소 조직하는 시늉을 했었다. 소를 잃고 나서 외양간을 고치고 있었다. 2018년 당시 온라인으로 제안했을 때 답안은 이정도 선이었다.

첫 번째 사례

○ 항상 우리 시정에 깊은 관심과 애정을 보여주시는 귀하께 감사드리며 귀하의 제안내용(1XX-XXXX-XXXXXX) "00시 소방 드론

대" 에 대하여 다음과 같이 답변 드립니다.

○ 드론을 활용한 살수로 산불을 예방하자는 귀하의 제안은 창의적이라고 판단됩니다. 그러나 OO시의 경우 산림면적이 광범위하고, 봄철에 양간지풍이 자주 분다는 특성이 있습니다. 이에 반해 드론은 한 번에 20~25분 정도의 짧은 비행이 가능하고, 살수할 수 있는 물의 양이 적으며, 바람에 약합니다. 이 점을 고려하면 드론 투입을 위해 소요되는 비용(조종인력, 각종 장비구입) 대비 그 효과가 크지 않기에 경제성 및 실용성이 다소 낮아 제안의 채택이 어려울 것으로 판단됩니다.

○ 위와 같은 사유로 귀하의 제안을 불채택하는 점을 양지하여 주시기 바라며, 검토내용에 대하여 궁금하신 사항이 있는 경우 OO시 OOOO과 담당자(☎XXX-XXX-XXXX) 또는 OOOO실 담당자(☎XXX-XXX-XXXX)에게 문의하여 주시기 바랍니다. 끝.

두 번째 사례

1. 우리군 행정에 많은 관심을 가져주신 귀하의 가정에 만복이 가득하시길 기원드립니다.
2. 귀하께서 제안하신 OO군 소방 드론대 건에 대한 의견은 다음과 같

습니다.

3. 드론으로 전국의 산에 물을 뿌리는 행사는 많은 시간과 예산이 수

반되어야 할 사항으로서 드론에서 뿌리는 물의 양이 건조한 봄철

(3월~5월) 기후에 산의 지표면을 얼만큼 적셔 놓는지에 대한 연구

결과가 없으며, 효과성 또한 미흡하여 현실성이 없음을 알려드립

니다.

세 번째 사례

귀하께서 제안하신 산불 대비 자체 소방드론대 창설에 대하여 다음

과 같이 안내 해 드립니다.

- 산불의 원인이 지구 온난화에 있다는 지적에 동의합니다. 하지만 지

구 온난화로 인한 산불을 예방하는 데는 한계가 있습니다.

- 00군에서는 매년 산불진화인력을 000명 채용하여 산불예방 및 진

화에 투입하고 있으며, 산불무인감시카메라 0개소 및 산불감시초소

0개소 운영으로 산불을 예찰하고 있으며, 소방물차 0대를 운영하

여 산불을 진화하고 있습니다.

- 00군의 산림면적은 00군 면적의 XX%인 XXX,XXXha이고 산불

발생의 주요원인이 입산자 실화, 논밭두렁·농업부산물·쓰레기 소각,

담뱃불실화 등입니다.

- 귀하께서 제안하신 소방 드론대 창설로 전 산림지역에 물을 뿌리는 행사를 하거나 강물을 푸다가 물을 뿌리는 방안은 산불을 예방하는데 도움을 줄 수 있지만 투입되는 비용 및 인력에 비해 너무나 비효율적이라 사료되어 불 채택함을 알려 드리니 이점 양지하시기 바랍니다.

하지만 놀라운 사실은 2019년 강원 산불 사태와 호주 산불 사태를 겪고 나서 제안 드렸었던 곳에서 긴급하게 드론을 통해 조기에 소화하는 시스템에 대한 논의와 실현을 눈앞에 두기도 하고 실제로 조직이 된 경우를 보았다. 당시에는 받아들여지지 않았지만 당장 눈앞에서 위험을 경험하면 빠르게 대처하는 것을 보니 그나마 안심은 되는 듯하다.

속도 보다 더 소중한 가치

코로나19 팬데믹으로 인해 일상에는 많은 변화가 있었다. 그중 하나가 음식을 온라인으로 주문하고 회사든 어디든 식당이나 커피숍을 직접 방문하지 않고 배달로 주문하는 것이다. 필자의 지인은 거리두기의 목적으로 재택근무를 하는데 아침, 점심, 저녁을 모두 배달 애플리케이션을 통해 주문하며 심지어 아침은 샐러드 등을 매달 배달해주는 서비스를 이용할 정도다. 지인에 따르면 코로나 여파로 집에서 근무하게 되어 업무량은 늘고 연봉은 줄어 시간과 비용의 효율적인 측면으로 배달 애플리케이션을 활용해 주문한다고 한다.

코로나19 팬데믹을 극복하기 위한 거리두기로 인해 2020년 배달 음식 주문은 많이 늘어났다. 코로나19로 사회적 거리두기 현시점 기준 3년이 다 되어 간다. 방역에 진심인 국민성과 서로를 배려하는 차원에서 배달 애플리케이션으로 주문하는 것이 증가

어둠속에서 분간이 어려운 검은색 오토바이와 라이더

한 것이다.

통계청에 따르면 2020년 음식 서비스 거래액은 무려 17조 3천 828억 원이라고 한다. 2019년은 9조 7천 328억 원이었다. 2017년 2조 7천 326억 원에 이어서 2018년에는 5조 2천 628억 원이었다. 2조 > 5조 > 9조 > 17조라고 하면 일정한 방식으로 증가한다고 보았을 때, 수열 방식으로 계산하면 2021년은 25조, 2022년은 35조 수준의 매출이 예상된다는 것이다. 물론 임계점이나 경제학적 시각으로 접근하면 단순한 수열 방식으로 계산하여 예측한다는 것은 위험한 발상이지만 재미 삼아 계산해 보았다고 생각하면 된다. 그만큼 배달 애플리케이션으로 주문하는 음식의 매출이 급증한다는 것이 더 와 닿는다.

음식을 배달하는 시장을 이끄는 것은 당연히 배달 애플리케이션이라고 할 수 있다. 2021년 기준 월 사용자를 통계청 자료로 확인해 보았다. 배달의 민족(935만 명), 요기요(약 534만 명), 쿠팡이츠(약 99만 명), 배달통(약 24만 명), 위메프오(약 22만 명) 순이었다. 사실 이 수치도 순수 사용만 놓고 보았을 때이다. 사용 건수로만 보면 월 사용자의 4배 이상이라고 생각하면 된다. 배달 주문을 하는 세대는 대개 20~30대이지만 배달 애플리케이션 간의 치열한 경쟁으로 충성 고객의 세대를 더 넓히는 중이다.

배달 수요의 급증에 따라 배달되는 거리와 배달하는 방법, 배달 요금, 배달 가능한 메뉴도 다양하다. 과거에는 치킨과 피자와 가까운 거리에 상가의 주민들끼리 공유하는 품앗이 정도의 배달이 전부였다. 하지만 지금은 삼겹살이나 유명한 프랜차이즈 커피, 배스킨라빈스와 같은 브랜드 아이스크림, 브랜드 떡볶이, 제과제빵류, 초밥, 카레 등 방역에 진심인 음식점들은 배달 애플리케이션을 활용한다. 필자의 지인도 배달 애플리케이션을 활용하기 전과 후로 매출의 차이가 극명해서 배달 애플리케이션 없이는 음식점 운영이 힘들다고 할 정도라고 한다. 코로나19로 방역 수칙과 집안에서 모든 것을 해결 가능한 시스템이 잘 구축되어 있는 데다가 재택근무와 온라인 수업, 화상 회의 등으로 배달을 통해 음식을 먹는 인구의 수가 급증했다.

비대면 소비의 증가로 배달시장이 성장하다 보니 배달 오토바이들이 거리에 많이 보인다. 배달함에 있어 배달 라이더들에게 오토바이는 필수다. 자전거는 느리고 자동차는 부피가 커 좁은 골목을 빠르게 지나가기 어렵다. 자동차보다 오토바이의 경우 연료비용도 상대적으로 낮기에 배달 라이더가 가장 많이 활용하는 운송수단은 당연히 오토바이다. 평상시 대낮에는 주의해서 보면 오토바이와 크게 충돌할 확률은 낮다. 하지만 저녁이 되면 사정은 달라진다. 대부분 배달 라이더들은 검은색 옷에 검은색 오토바이를 몰고 간다. 자칫 잘못하다가는 사고가 날 확률도 높아 보인다. 아니나 다를까 필자의 지인 중 한 명도 밤중에 인도를 걷다가 급하게 배달을 나가던 오토바이와 부딪혀 사망하게 되었다. 평상시 쾌활하고 상냥했던 지인은 추억 속의 인물이 되었다. 필자는 이런 사고가 다시는 일어나선 안 된다는 생각에 경찰청을 포함해 교통관련 기관, 지자체, 광역지자체 등 수백여 곳을 온라인과 오프라인을 동원하여 알렸다. 혹자는 안전과 관련이 있는 것 같은데 왜 이것을 거버넌스 즉, 지배구조로 포함했는지 궁금할 수 있다. 이 제안은 ESG 중 거버넌스에 해당된다. 거버넌스 중 하나는 기업은 사회적으로 문제가 발생 시 해결해야 하는 사회적 책임이 있기 때문이다. 사회적 책임의 세계적인 기준은 ISO 26000라고 할 수 있다.

『배달 업종 종사자들과 주민이 함께 살 수 있는 상생 협력 아이디어』

현황 및 문제점

저녁 즈음에 볼 일을 마치고 귀가하는 중에 오토바이가 갑자기 다가왔으나 피할 틈도 없이 자칫 사고로 이어진 경험이 자주 있었다. 게다가 자동차 운전을 하면 야간에 보이지 않는 오토바이 종사자들과 충돌이 일어날까 걱정된다.

야간에는 시야가 좁아진다. 대다수의 배달 업종 종사자들이 어두운 옷을 입고 활보해서 잘 보이지 않는다. 안전 장구도 헬멧 외에는 착용하지 않는 것을 자주 본다. 헬멧조차도 착용하지 않는 사람도 더러 있었다. 외국인 노동자 배달 업종 종사자들도 발견한다. 외국인 노동자들 중에 불법으로 밀입국한 경우 오토바이에 번호판 부착하지 않아 사고가 발생해도 사고를 당한 피해자가 전액 부담해야 하는 상황을 직접 목격했다.

코로나와 같은 포스트 전염병 시즌이 되면 외식을 포함하여

야외활동이 힘들어진다. 배달 애플리케이션을 통한 주문량은 급증한다. 시간이 흐를수록 배달 업종 종사자의 수도 증가할 것이다. 오토바이 사고 역시 증가할 것이다. 지금 현 상황으로서는 정부 부처나 지자체들에서는 해결방안을 내놓지 않는 것으로 보인다. 만약 있다고 해도, 오토바이 사고가 줄지 않는 한 국민의 인식은 해결방안이 없는 것으로 인식한다. 이제 정부와 지자체 그리고 배달 업종 종사자와 배달 업종 기업은 사회적 책임을 져야 한다.

개선방안

1. 야간에도 잘 보일 수 있도록 형광색, 야광색 옷을 입게 한다. 세탁 등으로 효과가 사라질 것을 대비해 오토바이와 헬멧에 야광, 형광 스티커를 부착하게 하여 잘 보이게 하도록 한다.

2. 오토바이를 기존의 신고제가 아닌 등록제로 한다. 번호판을 부착하지 않았다면 운전 자체를 금지하도록 한다.

3. 운전면허가 없거나 허가받지 못한 자들은 운전하다 적발 시 법적 처벌을 강화한다.

4. 오토바이 운전자의 경우 블랙박스를 의무적으로 설치한다.

5. 오토바이 운전 시 헬멧 외에도 추가적인 안전 장구류를 의무적으

로 착용하여 안전사고에 대비한다.

6. 배달업을 비롯하여 오토바이 관련 업무에 대한 총괄적인 빅 데이 터를 수집한다. 이에 따른 맞춤형 오토바이를 권장하도록 한다.

7. 맞춤형 오토바이를 확인한 오토바이 종사자들은 이에 맞는 오토 바이를 운전하고 있는지 등록제를 포함하여 국가나 지자체에서 데 이터관리를 하여 사고 위험을 최소화한다.

8. 오토바이 종사자들이 지켜야 하는 안전수칙을 정하고 이를 지키도 록 한다.

9. 안전운전을 위해 무리한 작업량을 지시하지 말고 국가나 지자체 별로 오토바이 업무에 대한 안전 지침을 제시하여 이를 시행토록 한다.

기대효과

이 방안들을 수용해 오토바이 종사자로 인한 사고 피해를 저감한다.

하지만 현실은 냉담했다. 다음은 관련 기관에서 답한 내용이다.

안녕하십니까. 국민신문고를 통해 00청 교통안전과를 방문해주셔서 감사합니다.

귀하께서는 국민을 위한 오토바이 관련업 종사자들과 주민 간의 상생 협력 아이디어를 제시해 주셨는데 그중 오토바이 종사자들도 지켜야 하는 안전수칙을 주지시켜 이를 확인토록 하고 운전시 안전에 만전을 기하도록 해야 한다는 제안에 대하여 답변 드리겠습니다.

이와 관련, 최근 고용노동부 소관 산업안전보건법에 고용주는 배달원 등에게 교통안전 등 안전보건 사항에 대해 교육을 실시하도록 법으로 정하는 등 관계부처에서 다방면으로 노력하고 있음을 알려드립니다.

특히 00청에서는 이륜차 종합안전대책을 시행하여, 이륜차의 난폭운전에 대해 집중 단속하는 한편 공익신고를 활성화하고, 고용노동부 및 이륜차 배달업체 등과 간담회를 갖고 불법개조·난폭운전 등을 기획수사 하도록 하고 있습니다. 또한, 사업주에게 관리책임이 있는 경우 양벌규정을 적극 적용하여 실질적인 안전을 확보하기 위해 노력하고 있습니다. 또한, 플래카드 설치, 배달원 대상 교육, SNS 홍보, 관련 업체와의 캠페인 등으로 이륜차 안전수칙 홍보에도 힘쓰고 있습니다.

앞으로도 00청에서는 이륜차 안전에 대한 단속과 홍보, 교육 등 안전

관리를 지속 추진하여 이륜차의 안전관리에 힘쓰겠습니다.

다시 한 번 귀하의 교통안전에 대한 관심에 감사드리며, 귀하의 가정
에 건강과 안녕을 기원합니다. 끝.

정말 끝이다. 평상시 거리를 활보하면서 교통안전 관계자가 직
접 교육을 하는 것을 본 적은 없다. 교육을 열심히 하고 있으리라
믿음은 있지만 실제로 안전으로 반영될지는 미지수다. 차라리 사
고 피해 사례를 언급하며 공익광고를 내는 것이 현실적으로 체감
을 느낄 수 있겠다. 가장 중요한 대목인 야간 운행에 관한 대응 방
안은 일절 읽지도 않았다는 것을 알 수 있었다. 경찰청을 포함해
관련 기관과 지자체들의 안일한 대응 속에서 또 다른 안전사고
피해자는 단언컨대 발생한다. 2021년 기점으로 인구가 줄어들고
있는 우리나라에서 국민 한명 한명을 아끼고 사랑하고 내 가족처
럼 여기는 사회적 분위기를 조성해 살고 싶은 나라가 되었으면 한
다. 누군가에게는 사소한 것이지만 안전 불감증이 일상화되면 오
징어 게임에 나온 대사처럼 이러다 다 죽을 수도 있겠다는 생각
이 든다. 빠른 속도로 배달하여 고객의 욕구를 충족하는 것도 좋
지만 빠른 속도보다 더 소중한 가치는 안전과 생명이다. 안전과

생명을 지키기 위해 배달을 하고 돈을 벌고 먹을 것을 사서 먹는 것으로 살아가는 것이다.

ESG 레시피, 미래발전의 정석

우리가 사는 지구에는 대기가 존재한다. 대기의 99%는 질소 (78%)와 산소(21%)로 존재한다. 이외에 1%는 이산화탄소, 메탄, 수증기 등이 지구를 따뜻하게 감싼다. 우리의 생존에 맞게 적당하게 유지한다. 1년 365일 일정한 온도를 유지 시키는 온실과 같이 지구를 감싸는 형태로 보여 이를 온실가스라고 한다. 온실가스가 없으면 지구 온도는 -18℃보다 더 떨어져 우리가 살기에 너무 춥다. 대기 중 여러 기체가 태양에너지를 지구에서 빠져나가지 못하게 잡아주기에 현재 생태계 시스템이 유지될 수 있는 온도를 유지하는 것이다. 이 현상은 온실효과라고 한다. 온실효과의 주된 기체들은 온실기체, 온실가스라고 한다. 적당히 있다면 지구를 따뜻하게 유지하게 하지만, 필요 이상 증가하면 지구가 뜨거워지는 지구온난화의 원인이 된다. 석탄, 석유, 가스 등 탄소배출의 주원인인 화석연료 사용이 온실효과를 극대화하고 있다. 화

메탄가스를 하루에 200L 이상 배출하는 소

석연료를 본격적으로 사용한 산업혁명을 시작으로 대기 중 이산화탄소 농도는 산업화 이전에는 280ppm 수준이었다. 2000년대로 넘어가면서 379ppm으로 30% 이상 증가했다. 2021년 기준 410ppm을 초과했다. 2050년에는 추정치만 600ppm 이상이라고 한다. 1960~2021년 평균 이산화탄소 농도 증가율은 연간 1.5ppm으로 증가 속도는 가파르게 상승한다. 쓰레기의 증가도 기후변화의 원인이다. 코로나로 인해 일회용 플라스틱을 포함한 일회용기 사용증가가 폭발적으로 증가했다. 쓰레기를 분해하는 과정에서 1톤당 이산화탄소보다 온실효과를 증가시키는 기체인 메탄가스가 다량 발생하는 것도 주요한 원인이라고 할 수 있다. 산림의 무분별한 벌목도 기후변화를 일으키는 요인이다. '지구의 허파'라고 하는 아마존 산림의 무분별한 벌목과 식량 생산을 위한 무리한 화전으로 산림과 함께 생물의 다양성이 훼손된다. 산림이 감소하면 온실가스를 흡수하고, 생태계가 온전히 유지되는 시스템에 문제가 생긴다.

하지만 그보다 더 심각한 것이 있다. 육지의 위험은 눈에 보이지만 바다의 위험은 우리가 쉽게 알 수 없다. 바다 오염은 육지오염보다 더 심각한 수준이라는 추정만 할 수 있을 뿐이다. 미국의 전 부통령인 엘 고어는 GPGP(Great Pacific Garbage Patch) 섬을 UN에 정식국가로 요청한 상황이다. GPGP 섬은 북태평양 하와이 섬에서부터 미국 캘리포니아까지 광활하게 퍼져 있는 거대한 쓰레기 섬이다. 바람과 해류를 타고 북아메리카, 남아메리카, 중앙아메리카, 아시아 등에서 모인 쓰레기의 집결지이다. 현재 추정된 면적만 해도 한반도의 약 20배에 달하는 규모로 점점 더 커지고 있다. 엘 고어를 포함해 20만 명 이상 GPGP 섬의 시민으로 등록했다.

필자는 이런 쓰레기들을 해결할 방법을 고민했다. 수많은 방법이 있지만, 예산 투입 대비 효과가 가장 큰 1차 정책 아이디어인 "해조류 육성을 통한 바다 쓰레기 수거 방법"이었다. 해조류들은 지구온난화를 유발하는 온실가스인 이산화탄소를 흡수한다. 해양수산부의 연구결과를 토대로 보면 '개도박'의 경우 1㎡를 기준으로 1초에 150μg(마이크로그램)의 이산화탄소를 빨아들이는 것으로 밝혀졌다. 31.7μg(마이크로그램)을 흡수하는 열대우림의 5배에 이르는 양이다. 김과 미역 다시마, 우뭇가사리 등도 열대우림의 이산화탄소 흡수량의 2배에서 3배에 이른다. 이들은 광합성을 통해 아주 탁월한 CO_2 저감 능력을 보인다고 한다. 우리나라 연안의 해조류들이 흡수하는 이산화탄소가 연간 최대 3백만t에 이를 것으로 추산하고 있다.

하지만 기후변화 협약은 지상에 있는 식물들만 온실가스 저감 식물로 인정하고 있는 것이 현실이다. 이에 따라 해양수산부는 해조류도 기후변화협약에서 온실가스 저감 식물로 인정받을 수 있도록 국제협력을 추진할 계획이라고 한다. 우리나라는 일정량의 이산화탄소 저감 의무가 부담되는데, 그 감축량에 우리 해양수산부에서 해조류 사업을 통해서 우리나라가 감축해야 할 의무 부담량을 최대한 해결할 계획이라고 한다. 해조류를 대량 생산할 경우 바이오 에너지를 개발하는 데도 쓸 수 있다. 우리나라가 해조류를 통해 얻을 수 있는 경제적 이익은 연간 4천만 달러뿐만 아니라 탄소저감 효과는 덤일 것이다.

이런 해초류를 육성하여 성장하게 되면 해초류는 해류를 타고 바닷가로 자동으로 흘러가게 된다. 해초류는 이산화탄소를 흡수하여 바다의 탄소저감의 핵심 개체이며, 쓰레기를 가지고 해안으로 가기에 바다를 일부 청소해 주기까지 하는 고마운 존재다. 이렇게 바닷가로 흘러간 해초류에 붙어 있는 쓰레기를 제거하면 이 해초류들을 어떻게 활용해야 할지 관건이다.

필자는 2차 정책 아이디어로 "반려동물 급여 상품의 탄소 저감화 방안으로 ESG 대국민 상생방안"을 제안한다. 해초류가 이산화탄소를 저감하여 탄소저감에 좋다는 연구결과에 기인했다. 소에게 먹일 경우는 해초와 사료를 동시에 먹이는데 해초를 잘게 가루로 만들어 사료와 섞는 방식이다. 이렇게 하면 소가 트림 시 배출되는 메탄가스 발생량이 하루 400L 수준인데 일반 사료만 먹였을 때와 달리 80%나 절감하여 메탄가스 발생량을 400L에서 80L로 무려 320L나 감소하게 하는 것이다. 우리나라에는 괭생이모자반을 비롯해 동해, 남해, 서해 이렇게 3면이 바다로 둘러싸여 있어 해마다 해류를 타고 해안가에 안착하는 해초를 처리하는 데 사용되는 예산을 줄이고 오히려 메탄가스를 저감할 수 있어 해안정화, 메탄가스 저감, 환경 복지 증진 등으로 세 마리 이상의 토끼를 잡을 수 있다.

필자는 이를 토대로 반려동물에게도 적용해 본 결과 소와 같이 80% 정도의 감소를 기대하기는 어려웠지만 개나 고양이의 경우 해초류 사료 급여 전후로 35% 가량 메탄가스가 저감하였고, 다른 가축들도 50~70%로 메탄가스의 배출량이 저감하는 것을 확인하였다. 필자 역시 저녁에는 가정에서 부모님의 따뜻한 사랑이 가득 담긴 "해초 국수"를 먹는다. "해초 국수"를 먹기 전에는 속이 더부룩해 다량의 메탄가스를 배출했다. 해초국수를 섭취하고 나면 식사 후에는 위장이 편안해 짐을 느낄 수 있었다. 탄소중립을 이루기 위해 우리나라는 2050탄소중립위원회를 통해 많은 활동과 연구와 논의를 거듭하고 있는 것으로 알고 있다. 탄소포집 기술인 DAC와 CCUS 등의 기술을 연구하면서 언제 뚜렷한 연구 성과가 나올지 장담할 수 없다. 다만 필자는 앞서 말한 정책 아이디어를 통해 탄소중립의 답은 멀리 있는 것이 아닌 우리 주변에 신이 주신 자연을 아끼고 이를 활용하는 것에 답이 있다는 생각을 해본다.

거버넌스 스퀘어

이번 거버넌스 스퀘어에서는 이낙연 전 국무총리가 제안한 ESG 4법에 대해서 알아보고자 합니다. 기업은 산업의 많은 분야에서 ESG를 중요시하는 분위기는 잘 알고 있을 것입니다. 하지만 비효율적 결과가 발생해도 간과하고, 끝내는 분위기에 대한 대비도 필요하다고 봅니다. 하지만 ESG가 기업에 있어 최대의 화두가 된 현재 시점에서 기업은 과연 ESG 경영을 이행함에 가치와 효율성도 고려해야 하기에 이 글을 읽는 독자들과 기업의 판단에 맡기겠습니다.

ESG 4法 제안 메시지(案)

□ 포스트코로나 시대는 'ESG 대통령'을 원한다!

○ 국내외적으로 해결해야 할 과제가 산적한 포스트코로나 시대에 위기의 대한민국을 이끌어 갈미래 대통령은 반드시 'ESG 대통

령'이 되어야 합니다.

○ 대한민국을 G8의 국격에 걸맞게 세계 선진국의 눈높이를 함께 가져가되, 실천에서도 뒤지지 않는 ESG 강국으로 만들겠다는 확고한 신념이 필요합니다.

□ 가치를 소비하는 국민

○ '돈쭐치킨'으로 불리는 마포구 한 치킨 집에 들러 한 끼 포장해 간 적이 있습니다. 배고픈 형제에게 음식을 대접한 감동적인 사연이 알려져 많은 국민께서 '돈쭐'낸 것으로 화제가 되었습니다.

○ 그 손님들이 구매한 것은 치킨이 아니라 사장님의 따뜻한 마음과 그 사회적 영향입니다. 국민들은 이제 무엇이 내 삶과 우리 사회에 더 나은가 판단하고, 돈과 시간을 소비하는 데 주저하지 않았습니다. 재화의 가치를 따지는 시대는 저물고 가치가 재화가 되는 시대가 도래하였습니다.

□ 이해관계자 자본주의로의 대전환

○ 이는 세계 경제가 자본주의 대전환을 맞이하면서 일어나는 현상임. 오랫동안 우리 가치관을 지배했던 '주주 자본주의 (Shareholder Capitalism)'에 종말을 고하고 '이해관계자 자본주의 (Stakeholder Capitalism)'로 나아가는 과정입니다.

○ 이해관계자 자본주의의 핵심은 기업이 주주의 이익만을 추구하
는 것이 아니라 주주, 직원, 고객, 협력업체, 지역사회까지 모든
이해관계자에게 골고루 이익을 나눌 수 있도록 하는 것입니다.

□ ESG 경영의 부상

○ 이해관계자 자본주의는 전 세계 기업들이 'ESG'를 생존 키워
드로 인식하게 만들었습니다. 국내 주요 기업들도 고객과 투자
자 수요에 부응하고 시장경쟁력을 확보하기 위해 ESG 경영을
2021년 핵심 경영전략으로 채택했습니다.

○ 각국 정부들도 전폭적인 지원에 나서고 있습니다. 미국, 유럽, 일
본 등 주요 국가들은 일정 규모 이상의 기업에 ESG 관련 공시
를 의무화하고, 중장기 탄소중립 계획을 수립하는 등 적극적으
로 정책을 마련하는 중입니다.

○ 우리 정부도 ESG 기업경영의 표준화를 위해 평가지표를 개발하
고, 정책금융기관 지원을 강화하는 등 관련 제도를 신설 정비하
며 많은 노력을 기울이고 있음. 당대표 시절 추진했던 한국판 뉴
딜 정책도 그 일환입니다.

□ 기업경영을 넘어 국가경영 의제로써 ESG

○ ESG가 주로 기업경영·금융투자 영역에 국한되고, 정부는 이를

지원하는 형태에 그치고 있어 강력한 인식의 전환이 필요합니다. 자본시장에서의 정부 역할만 모색할 것이 아니라, 더 큰 차원에서 바라보아야 합니다.

○ 예컨대 기업경영뿐만 아니라 국가경영에도 ESG를 접목할 수 있습니다. 국가경영 의제로써 ESG는 국가경영의 이해관계자라 할 수 있는 국민, 기업, 지자체, 정부·공공기관, 나아가 세계 이웃 국가들과 이 땅의 미래세대에 지속 가능한 미래를 안겨줘야 합니다.

□ 「ESG 4法」 제안

○ ESG 원칙을 정부가 앞장서서 공공의 영역에 도입해 국가 경쟁력을 높이고 국민의 신뢰를 얻어야 합니다.

○ 먼저, 정부·공공기관, 공기업, 준정부기관의 경영 원칙에 ESG를 도입해야 합니다. 공공기관이 환경·사회·지배구조를 고려한 경영활동을 하도록 명시적으로 규정하고, 공기업 등의 경영실적 평가에 반영하도록 합니다.

  - 「공공기관의 운영에 관한 법률」 일부 개정

○ 국가재정의 바탕이 되는 공적 연기금의 운용 원칙에 ESG를 도입하겠습니다. 연기금을 운용하고 평가하는 과정에서 ESG 요소를 반드시 고려하도록 하고, 관련 지침의 준수 여부를 기금운

용 평가에 반영하도록 합니다.

- 「국가재정법」, 「국민연금법」 일부 개정

○ 공공조달사업의 조달절차에서 환경, 인권, 노동, 고용, 공정거래, 소비자 보호 등 사회적·환경적 가치를 반영하도록 하는 선언적 조항을 의무조항으로 하여 실천력을 확보하도록 합니다.

- 「조달사업에 관한 법률」 일부 개정

※ 이외에도 ESG가 현장에서 제대로 작동할 수 있도록 촘촘한 인증 및 평가 체계를 마련하고, 관련 인력 양성에 힘 쏟는 한편, 기업에서 ESG 부담을 하청업체에 전가하지 않도록 예방책을 만드는 등 다각적으로 제도를 정비해야 합니다. 또한 그린스마트미래학교, 공공임대주택 개선사업 등 정부 주도 사업에도 ESG 원칙이 적용되도록 저변을 확대해나가야 합니다.

Environment (환경)

Sustainable Development Goals (지속가능 목표)

Governance (거버넌스)

Eco Life (지구 살리기)

Social (사회)

Goal (목표)

Eco Life
(지구 살리기)

(4부)

Eco Life의 중요성과 실천

1999년에 영월 동강에 다목적 댐을 건설한다는 말을 처음 들었다. 동강 댐 건설로 경관이 사라지기 전 동강을 탐방해야겠다는 마음으로 방문했었다. 아름다운 비경을 본 후 동강을 포함해 보존할 가치를 지닌 자연훼손은 안 된다고 생각했다. 이를 시작으로 2000년부터 현재까지 도내 초, 중, 고교뿐만 아니라 대학교, 청년, 어르신에 이르기까지 환경보호 및 환경교육에 21년 넘게 필자 인생의 모든 것을 쏟았다. 현재는 전국의 국립공원을 탐방한다. 산림이든 해안이든 공원이든 도시든 공업지역이든 쓰레기가 보이면 혼자서 줍는 경우가 많다. 너무 많아 혼자 처리하기 어려우면 친구들과 함께 처리한다. 이 외에도 환경정화와 교육을 병행하는 교육 프로그램으로 교육을 받으며 쓰레기를 줍는다. 우리가 줍는 쓰레기들이 인체나 생태계에 영향을 끼치는 정도를 알게 한다. 쓰레기들을 주운 뒤 처리 과정을 통해 재활용으로 처리가 되

해변 정화 활동 기후변화청년모임 빅웨이브와 함께

느지 안 되는지 알게 한다. 우리가 앞으로 살아가면서 해야 할 행동이 무엇인지에 대해 소감으로 마무리한다. 교육 프로그램을 진행해 본 사례를 본다면, 2007년 태안해안에서 발생한 기름유출 사건, 2007년 삼성-허베이 스프릿호 기름유출 사태가 있다. 수를 이루 다 헤아릴 수 없을 정도의 수백만 명의 자원봉사자들과 함께 태안해안 정화 활동을 진행하고 환경보호에 대한 다짐을 받았다. 강원도에는 산불이 자주 발생하기에 국립공원 산불 예방을 위한 활동도 하고 있다.

환경부 국립생물자원관에서 발표한 바에 따르면, 우리나라에

서식하는 생물 종 수는 2019년 12월 기준 총 5만 2,628종이라 한다. 선태류, 지의류 이외에 식물종(관속식물류) 수는 4,576종이다. 척추동물류 수는 2,009종으로 포유류 125종, 조류 537종, 파충류 32종, 양서류 21종, 어류 1,294종 등이라고 한다. 곤충류 수는 1만 8,638종이며 이 중 나비는 284종, 나방은 3,838종이라고 한다. 멸종위기 야생생물로 지정된 종수는 총 267종이며, 이중 포유류 20종, 조류 63종, 양서·파충류 8종, 어류 27종, 곤충류 26종, 식물 88종 등이라고 한다.

우리나라 국립공원의 면적은 국토의 4%에 지나지 않는다. 이 작은 면적에 우리나라 생물 종의 43%, 멸종위기종의 65%가 서식하는 생물 다양성을 보유하고 있다. 미래세대를 위한 보전이 필요하다. 그래서 필자가 진행하고 있는 활동에 대해 자부심을 느낀다. 활동하다 보면 기후변화로 인해 국립공원 생태계가 많은 변화를 겪고 있다. 이를 지켜보면 안쓰럽다. 가슴이 시리다. 더 많은 활동을 하지 못한 것이 이내 비겁하다는 변명으로 들린다.

불과 20년 전만 하더라도 환경 감수성이라는 표현 자체가 없었다. 초등학생 때부터 대학생 때까지만 해도 환경 운동은 반사회적 운동으로 여겨지던 때가 있었다. 순수하게 활동한 분들도 있지만, 정치적인 접근으로 순수성을 잃은 것이 아닌가 의심받던 때가 있었다. 사실 알고 보면 환경보호와 기후위기를 극복하고자 하는 방향과 관점의 차이일 뿐이다. 환경 감수성의 인지와 확산 덕분에 환경보호에 대한 인식이 좋아졌다. 국립공원을 비롯해 전국 곳곳에 들끓던 쓰레기는 그 양이 매해 2~3%가량 줄고 있는 추세다. 그래도 매해 1,000여 t 수준을 유지하고 있다. 우리가 버린 쓰레기는 분해된다. 계곡으로 호수로 강으로 지하수로 바다로 흘러 들어간다. 물과 토양을 오염시킨다. 이내 바다로 흘러가 미세플라스틱이 되어 해양생태계를 파괴한다. 대순환 과정을 거쳐 물과 음식에도 포함되어 결국 우리 몸에 쌓인다. 평안과 안식을 주는 자연을 훼손하면 그 대가는 우리에게 돌아온다.

크리스마스 시즌이면 캐럴과 함께 반짝반짝 빛나는 전구와 귀여운 방울, 어린 추억을 그리는 별이 인상적인 트리가 있다. 크리스마스트리는 '한국산'인 구상나무다. 우리나라 한라산, 지리산, 덕유산 등에서 자생한다. 해마다 구상나무를 비롯해 고산 지대에 자생하는 고사목의 규모와 수는 더욱 늘고 있다. 주요 원인은 '수분 부족'과 그로 인한 스트레스다. 21세기가 도래한 이후로 10~20년 사이 기후변화로 겨울 적설량과 봄비의 강우량이 일정하지 않다. 일정한 패턴조차 없이 갑작스럽게 그 양이 줄거나 급증한다. 기후변화로 온난화가 가속화되었고, 예측 불가의 강력한 태풍, 2개월간 쉬지 않고 쏟아진 집중호우, 지역을 가리지 않는 가뭄, 코로나와 같은 전 세계적인 전염병 등 파생 효과가 가져온 비극이다. 자생식물들은 미래를 알 수 없다. 구상나무를 비롯해 기후변화로 훼손되어 가는 생물 다양성의 회복에 대한 방안이 필요하다.

왜 이런 현상이 일어나는 것인가? 구상나무와 같이 기후가 급격히 변하면 개체 수가 급감하는 것을 볼 수 있다. 그 이유 중 하나로 열돔 현상을 들 수 있다. 열돔 현상은 영어 힛돔(Heat Dome)이라는 표현을 한국의 형식으로 표현한 것이다. 돔 야구장을 떠올리면 된다. 예를 들어 돔 야구장에 뜨거운 공기로 가득하게 된다고 상상해 보면 이해가 쉽다. 상층에 뚜껑이 있게 되면 하층에서 공기를 데우면 대류가 일어나게 된다. 대류는 유체 내 분자들이 확산, 이류를 통해 이동하는 현상을 말한다. 대류 현상으로 열을 전달하는 방법은 대표적인 열전달 방법 중 하나다. 대류는 유체 내 물질이 전달되는 대표적인 방법이다. 대류 현상으로 더운 공기는 가볍게 되어 상층으로 올라가면서 주위랑 혼합이 되는 것이 정상이다. 일반적인 장소라면 하늘로 올라가 주위랑 혼합이 되어 안정적인 기후를 유지할 수 있다. 하지만 돔 형식은 천장에 있는 덮개로 인해 올라가지 못해 멈춰있고 가둬진다. 주위랑 혼합이 되어 비 나 구름을 동반하면 몰라도 끊임없이 일사량이 증가하면 기온이 치솟아 버리는데, 그것을 열돔 현상이라고 말하고 있다.

21세기 이후 20년간 세계 암 환자는 급증했다. 병명을 알 수 없는 신종 암 발병 사례의 상당수가 기후변화로 발생했다는 연구결과도 있다. 암 사망률 1위를 차지하는 폐암 발병의 큰 이유를 기후변화라고 하는 연구결과가 있다. 미국 샌프란시스코 캘리포니아대 연구팀이 이를 국제 학술지 '란셋 종양학'에 소개하면서 화제가 되었다. 그 논문에 의하면 21세기 이후 20년간 증가한 폐암 환자의 15% 이상은 대기오염이 원인이라고 한다. 암뿐 아니라 호흡기질환과 심혈관질환 발생률을 높이는 데도 기후변화가 그 중심에 있다. 기온 상승과 급격한 강수량 변화로 말라리아, 뎅기열, 현재 가장 뜨거운 이슈인 코로나 등 전염병 확산 위험은 점점 심각해진다. 기후변화는 생태계 변화와 인간의 생활양식도 변한다. 오랜 기간 환경에 대해 줄곧 외쳤지만 눈 하나 깜빡이지 않았던 정·재계에서도 눈앞의 기후변화로 인해 고통받는 이들이 많다는 것을 잘 알기에 탄소중립과 2050NetZero, ESG 경영을 서두르고 있을 정도다.

필자는 매번 시간이 허락되는 선에서 집 주변 공원, 국립공원, 해안공원, 도심공원 등 손길이 닿는 곳에 줍깅을 실천하며 마음이 흔들릴 땐 안정을 찾고, 운동도 하며 건강을 찾는 하이브리드 여가 생활을 즐긴다.

줍깅은 쓰레기를 주우면서 환경정화도 하고 걷거나 달리며 건강도 챙기는 유익한 활동이다. 이는 스웨덴에서 처음 시작된 환경

운동이라고 한다. 30년 가까이 쓰레기 줍기를 실천해왔다. 줍깅이란 단어는 2020년에 들어서야 듣게 되어 해외의 환경 활동 역시 활발하다는 것을 알 수 있었다. 창시자 에릭 알스트룀은 환경 정화에 특화된 전문가이다. 그는 수많은 쓰레기들을 보고 적잖은 충격을 받았다. 이후 스톡홀름에 있는 러너들과 함께 조깅으로 쓰레기들을 줍기 시작했다고 한다. 외국에서는 스웨덴어 polcka upp(이삭줍기)+영어 jogging(조깅)='Plogging(플로깅)'이라고 불린다. 쓰레기를 주우며 건강도 챙길 수 있다. 일석이조에 공익적인 활동이라 보람도 느낄 수 있다. 쓰레기를 줍는 동작이 스쿼트, 런지와 비슷해서 유산소와 근력 운동의 병행이 가능하다. 쓰레기를 담은 봉투를 들고 걷거나 달릴 수 있어 운동 효과도 좋다고 한다. 코로나로 인해 배달이 일상화되고, 일회용품 사용도 극심해 도심공원이나 국립공원에 쓰레기가 가득하다. 이를 방치한다면 미세먼지의 증가, 미세플라스틱의 인체 침투, 일회용품에 남아있는 세균에 의한 2차, 3차 감염의 위험에 노출될 수 있다. 줍깅을 함께 실천해 탄소 중립과 개인의 건강, 사회 전체의 건전성을 위해 줍깅을 독려하는 캠페인이 점차 늘고 있다.

코로나로 새로운 문화도 발생했다. 반복되고 2년이 다 되어 가는 초장기 거리두기로 도심 산책과 국립공원, 해안공원, 올레길 여행 등 적지 않은 그린 탐방문화 변화가 일어났다. 코로나로 해외여행 대신 국내 여행으로 변화한 국민 여가 스타일이 일상화되었다. 이는 '등린이'(등산고객 + 어린이)라는 유행어를 탄생시켰다. SNS로 등산에 대한 일상화가 트렌드가 되었다. 장기간보다는 단기간의 여행 문화로 바뀌었다. 도심 속 자연을 활용한 환경교육 플랫폼과 디지털 기술인 AR과 VR 탐방, 거리두기를 통한 안전한 탐방이 일상화되었다.

줍깅을 하며 담배꽁초, 비닐, 플라스틱, 라이터, 티슈, 마스크, 크고 작은 일상 쓰레기를 주울 때마다 환경교육의 필요성을 더더욱 느꼈다. 쓰레기를 왜 주워야 하는가에 관해 교육한다. 비닐 플라스틱 계열은 사용한 후 땅에 묻고 분해가 되는 데에 적어도 500년에서 1000년 이상의 시간이 소요되기에 그 중요성을 강조하고 있다. 쓰레기들이 하천이나 지하수로 흘러가게 되면 미세플라스틱으로 분해된다. 결국, 우리 몸속과 피부에 축적되어 피부병, 신장, 간, 폐, 혈관 등에 침투하여 크고 작은 질병으로 이어진다.

해안의 경우 이러한 문제를 해결하기 위해 장기간 한 가지 프로그램을 기획했다. 2010년 11월부터 2021년 6월까지 10년 7개월 동안 508회의 교육을 하였고, 수혜자는 7,620여 명이다. 국립공원, 해수욕장, 도심공원, 재해로 큰 아픔을 겪는 곳으로 자원봉사 + 환경정화 + 환경교육이 가능한 프로그램을 개발하여 그 중 가장 성공한 프로그램명은 "거북한 쓰레기"이다. 이 프로그램은 해안 관광지에 관광시즌이 시작되는 경우 처리하기 힘든 수준의 쓰레기가 발생하여 지역주민들이 아픔을 호소하였고, 이에 지역주민의 욕구와 교육자의 욕구를 동시에 충족하기 위해 단순 교육이나 자원봉사를 넘어 융복합화를 실시한 결과 나온 소중한 프로그램이다. 우리가 흔히 버리는 쓰레기가 바다로 흘러가 미세플라스틱으로 분해되고 미세플라스틱이 대순환으로 우리 식탁에 오른다는 이론적인 교육을 하고 해안가로 나가 쓰레기를 줍고 쓰레기를 분석해서 향후 어떤 마음을 가지고 생활에 임해야겠다는 '환경 감수성'을 키워 준다는 취지로 시작했다. 이 프로그램을 통해 지난 10년간 플라스틱 25,592EA, 비닐 12,106EA 캔 8,129EA, 낚시용품 13,482EA 등을 처리하였고 CIPP를 통한 프로그램 분석기법을 적용하여 프로그램 적용 전후를 분석하여 100점 만점에 평균 평점 87점의 좋은 평을 기록하기도 하였다.

미세먼지, 너 때문에 보이지 않아

미세먼지는 은밀한 살인자로 불리고 있다. 피해가 오랜 시간에 걸쳐 우리도 모르는 사이에 전국으로 전 세계로 확산하기 때문이다. 초미세먼지는 미세먼지보다 더 위험하다. 허파꽈리 등 호흡기의 가장 깊은 곳까지 침투하고, 혈관으로 들어가기 때문이다. 세계보건기구(WHO)는 미세먼지 중 디젤에서 배출되는 BC(black carbon)을 1급 발암물질로 지정했다. 장기간 미세먼지에 노출되면 면역력이 급격히 저하된다. 감기나 천식 그리고 기관지염 등의 호흡기질환을 앓을 수 있다. 심혈관질환과 피부질환이나 안구질환 등의 각종 질병에 노출될 수 있다.

지금 우리가 마시고 있는 공기와 만끽할 수 있는 에너지는 공짜로 얻어진 것이 아니다. 지난날 우리의 선조들이 목숨 걸고 얻어낸 자유의 공기는 급속한 산업화로 인해 오염되어 간다. 선조들이 목숨 걸고 지켜낸 이 나라를 우리 후손들과 미래세대를 위해

MBC에 출연하여 미세먼지 저감 아이디어 방안으로 전국 대회 참가

미세먼지로부터 지켜야 한다고 생각합니다. 이를 해결하기 위한
연구를 하다 보니 당시 2019년이었는데 1919년 3.1운동 이후로

100주년을 생각하며 동그라미 2개를 보고 자전거의 모습이 떠올랐다. 이러한 자전거를 통해 공항이나 버스 정류장 혹은 지하철 등에 배치하여 기다리는 시간만큼 전기를 발생시켜 약간의 에너지를 확보하는 것을 생각했다. 자가발전 자전거를 통해 얻은 전력으로 공항이나 항구, 학교, 버스터미널 등의 공공공간에 미세먼지 필터를 설치하여 미세먼지를 정화하고 시민들에게는 건강을, 정부는 에너지 효율화를 극대화하면서 자가발전 자전거를 통해 얻은 전력을 에코 포인트 마일리지화 하여 해당 사업장 혹은 공공기관에서 사회공헌을 하도록 하는 아이디어를 생각하게 되었다.

전기자전거나 태양광을 통해 전력을 발생하게 되면 ESS*에 저장하게 된다. 저장된 전력을 활용하여 미세먼지 정화장치를 가동하여 미세먼지를 정화한다. 자전거를 통해 전력을 얻게 한 수고를 에코마일리지로 전환하여

*ESS(Energy Storage System)
: 차세대 전력망, 에너지저장시스템으로 전력을 물리적 또는 화학적 에너지로 바꾸어 저장하는 시스템

일부 보상하고 에코 마일리지가 쌓이면 지역화폐로 교환하여 지역경제를 활성화한다는 계획이었다. 이것을 통해 국민의 건강을 증진하고 버스 정류장이나 공항이나 사람이 모인 곳에서는 ESS에 저장된 전력을 통해 미세먼지 정화장치를 가동한 후 남는 전력은 전자 광고를 통해 2차 수익을 내게 되고 정부 차원으로 이 사업을 추진하면 정부가 수익을 창출하여 국민 복지에 더 기여하

면 되는 것이고, 민간차원으로 이 사업을 추진하면 수익을 창출하여 사회에 환원하게 되는 아이디어로 생각하게 되었다. 자전거로 전력생산 후 미세먼지 필터를 통해서 미세먼지를 잡는 방식이다. 공항과 버스 정류장뿐만 아니라 헬스장이나 관공서, 학교 교실과 같이 미세먼지에 잡혀 있는 실내에 설치하는 방안도 계획하였고, 어르신들 가정에 이 자전거 세트를 가지고 가서 직접 돌려드리면서 이야기를 나누는 형식의 사회공헌도 생각했었다.

미세먼지와 기상 분야에 대해 서울대 지구환경과학부 대학원에서 대기과학에 관해 심층적으로 연구하고 분석하는 기상전문가의 길을 걷고 있는 김중진님에게 조언을 구했다. 그는 현재 북극에 있는 해빙이 녹는 것에 따른 겨울철 북반구 날씨 패턴을 연구한다. 그는 중국 상하이에서 7년 8개월, 베이징에서 4년, 다롄에서 5년 등 해외에서 17년 가까이 거주하면서 같은 국가임에도 다른 지역의 시시각각 바뀌는 기후패턴의 다양함에 기상에 대한 매력을 느끼게 되었다고 한다. 각 지역의 비와 눈과 번개 등의 현상을 지켜보는 것을 좋아했다던 그는 시간이 지나 초등학생 때는 비가 왜 내리는지, 구름의 종류는 어떤 것인지 공부하고 연구하는 사람이 되었고, 그 후 중학생 시절부터 일기도를 직접 그려보기도 하면서 미래 날씨를 예측해보는 재미가 생겨 현재 기상 분야에서 전문적으로 활동하게 되었다고 한다. 그는 서울기상센터라

는 블로그를 운영하고 있다. 블로그를 처음 시작한 것은 2011년
이었다. 중국 다롄에서 "대련기상청" 블로그를 운영했었다. 2016
년에 대학 입학을 위해 귀국했다. 귀국 당일에 네이버 계정을 새
로 만들어 블로그를 새로 시작했다. 그 블로그가 현재 서울기상센
터 블로그다. 현재 블로그는 방문하는 사람들에게 날씨 이야기를
풀어주는 주제와 기상직 수험생 및 대기과학과 학생들 시험공부
에 도움이 되는 기상학 주제를 담았다. 평범한 일상 글을 올리기
위해 맛집, 강아지, 여행 이야기 등을 게재한다.

　1년 동안 날씨를 전부 예측하는 것은 정말 어렵다. 다만 현재
추세를 보면 겨울은 더 추워지고, 여름은 더 더워져 그 차이가 심
각하다. 2022년도 상황은 2021년과 비슷하다고 생각한다. 봄은
더 짧아지고, 여름은 더 길고 더워지면서 중간에 집중호우 및 태
풍이 발생하는 것도 고려해야 한다. 겨울은 급격히 찾아오고 가
을은 예년보다 더 사라지는 날씨가 될 것으로 보인다. 기상예측은
정말 어렵다. 그는 기상예보사 면허 취득 후에 블로그와 유튜브
로 예보 브리핑을 하고 있다. 여름은 한 끗 차이로 집중호우와 맑
음에 대한 예측이 엇갈려 기상의 변화가 마치 사람 마음처럼 변
덕이 심하다는 생각이 들었다. 그 덕분에 2019년까지는 15세 영
화를 관람하러 갈 때는 학생증 검사를 받을 정도로 동안이었으
나, 2022년 현재는 머리카락에 흰 머리가 많이 생겼다고 한다.

현재 ESG를 비롯해 친환경적인 경영을 실천하는 기업이 늘어나고 있다는 소식을 접한다는 그는 현재 스타벅스에서 플라스틱을 줄이기 위해 종이 빨대를 쓰는 것을 언급했다. 그는 기후변화에 적용하기 위해서는 당연히 석탄 대신 친환경 대체제를 쓰는 것을 권장한다.

미세먼지 문제는 어제, 오늘 일이 아니라고 한다. 그에 의하면 중국발 미세먼지가 한반도에 미치는 영향도 있지만, 한반도의 대기 정체도 큰 비중을 차지한다고 한다. 노파심에 한 가지 부탁을 한다고 한다. 미세먼지 농도가 높은 상태일 때 초미세먼지 농도가 낮은 경우도 있다고 한다. 그때는 미 산란이 없어서 하늘이 맑아 보인다고 한다. 여기서 미 산란이란 입자의 크기가 빛의 파장과 거의 같거나 비슷할 경우 일어나는 현상이다. 빛의 파장보다 입자의 밀도와 크기에 따라 산란의 반응 정도가 달라진다. 눈에 잘 보이지 않는 수증기나 매연 알갱이 등과 같이 작은 입자들의 충돌을 미 산란이라고 한다. 미세먼지 농도가 높은 날인데 초미세먼지가 농도가 낮은 예보를 접하는 날 하늘이 맑아 보인다고 사람이 많이 모인 곳으로 외출을 하는 것은 위험하다는 것이다. 기상청 본청의 관측 데이터를 보면 중국발 미세먼지라고 하면 서해상의 미세먼지도 심각해야 한다. 하지만 미세먼지 관측도를 보면 서울과 인근의 미세먼지가 더욱 짙어진다고 한다. 한반도를 보면 서울

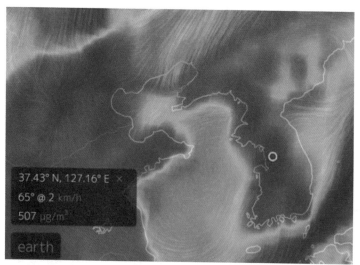

GFS 미세먼지 관측 [제공 : 기상청]

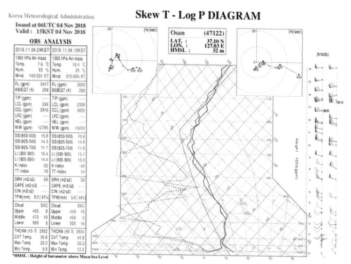

국내에서 발생한 미세먼지 관측 : 경기도 오산시 관측 [제공 : 기상청]

과 부산의 미세먼지가 심하다고 한다. 대기가 정체되면서 대도시권에서 미세먼지가 더 가중되었다는 것의 근거로 이야기할 수 있다고 한다. 미세먼지가 심할 때를 한 예로 들어서 미세먼지가 심각했던 2018년 11월 4일 기준으로 당시 기상을 연구해 본 바로는 고기압이 서해상에 있고, 우리나라는 고기압권에 들어서서 대기가 안정된 상태였다고 한다. 고기압 중심이 산둥반도 동쪽에 위치하면서 중국발 미세먼지가 한반도로 들어온다는 서풍은 평양에는 있었으나, 서울은 그날 바람이 불지 않았다고 한다. 그래서 중국에서 들어온 바람도 중국에서 들어온 미세먼지도 없었다는 것이다.

그래서 평양에 들어온 미세먼지는 중국발 미세먼지가 맞지만 서울은 중국보다는 국내에서 형성된 미세먼지가 서울에 들어온 것으로 생각한다고 한다. 2018년 11월 4일의 전국 습도를 보면 서울을 비롯한 서해안에 위치한 지역 모두 습도가 높았다고 한다. 그렇기에 복사안개가 형성되는 조건이 충족했다고 한다. 여기서 복사안개란 지표면의 복사 냉각으로 발생하는 안개를 말한다. 복사안개는 기온이 이슬점 이하일 때, 복사 냉각으로 인해 지표면의 온도가 공기의 온도보다 낮아지게 되면 발생한다고 한다. 미세먼지는 습도가 높고, 안개와 결합을 하는 날이 되면 우리가 아는 것보다 더 심각한 대기오염을 유발하게 된다고 한다. 수도권의 한 지역에서 실제로 관측한 대기선도 즉, 단열선도를 보면 역전층이 발생한 것을 알 수 있다고 한다. 여기서 대기선도 즉, 단열선도라고 하는 것은 지상으로부터 100hPa(약 16km) 상공까지 고층에 위치한 기상관측소에서 대기의 연직 기상 상태를 관측하고 난 이후에 이것을 단열선도(skewT-logP diagram)에 대입하여 대기의 연속된 상황을 분석한 기상도 중 하나로 보면 된다. 이 대기선도에 의하면 노점온도 선과 기온선이 만난 것은 습도가 포화되었다는 것을 의미하므로 복사안개가 형성되기 좋은 상황이었다고 한다. 당시 풍향도 남동풍이었고 중국에서 한반도로 미세먼지를 보내는 서풍이 아니기에 중국발 미세먼지가 아니었음을 알 수 있다고 한다. 즉, 이것을 간단하게 요약하면, 한반도의 대기가 안정된 상태인데, 야간의 복사 냉각으로 인해 아침 습도가 높아 야간에 복사안개가 형성되어 미세먼지와 안개가 결합하여 최악의 대기오염을 유발한 것이다. 낮에 강한 일사로 인해 2차 광화학 반응이 일어나 대기오염은 더욱 가중되었는데 이것을 박무 형태라고 한다. 따라서 2018년 11월 4일 기준의 미세먼지는 중국발 미세먼지가 아닌 한반도 내에서 발생한 미세먼지로 보면 된다고 하는 것이다.

물론 그도 해마다 봄철에 중국이나 몽골에 있는 사막에서 모래와 먼지를 동반한 황사가 우리나라로 들어온다는 것을 알고 있다고 한다. 하지만 그렇다고 해서 1년 내내 우리나라의 미세먼지를 전부 중국발 미세먼지로 단정 지으면 안 된다고 한다. 만약 중국발 미세먼지가 맞다고 한다면 그대로 중국발 미세먼지라고 표현하기 전에 그에 맞는 근거를 제시해야 한다고 한다.

그는 2022년 8월 말에 공군 기상장교로 입대하여 3년 정도 국가와 국민 안보를 위해 신성한 군 복무를 이행하고 싶다고 한다. 그 후에는 5급 공채를 통해 정식으로 기상청 예보관이 되어, 기상예보의 선진화에 앞장서고 싶다는 포부를 밝혔다. 건전한 생각과 미래세대를 위해 노력하는 그의 모습에서 우리나라의 밝은 미래를 볼 수 있었다.

쓰레기에 대한 재발견과 가치

우리나라는 위기를 맞을 때마다 정부는 정책을 통해 해결했다. 기업은 경영을 혁신하며 위기를 극복했다. 국민은 가계를 혁신하고 행동으로 극복하며 돌파구를 만들었다. 2019년 시작한 코로나19 팬데믹으로 우리나라는 방역 문제 외에도 일회용품 사용의 급증과 재활용, 리사이클, 업사이클과 같은 돌파구를 찾아야 하는 시점이 도래했다. 업사이클은 참 매력적인 존재다. 인류는 금을 생산하기 위해 연금술을 찾았다. 결국, 금을 만들어 내지는 못했다. 연금술 초기에는 과학과는 다른 사기술로 여겨졌다. 하지만 지금은 현대 과학의 근간을 연금술에서 찾는 이들도 적지 않다. 현대에 사용되는 여러 실험 장비들은 연금술을 위한 실험에서 나타났다는 의견도 있다. 부피 측정 반응과 증류를 위해 사용되는 도구인 플라스크와 깔때기나 여과기를 비롯한 막자사발 등의 도구는 우리에게 친숙하다. 연금술사는 연구를 위해 갖가지 실험 장비를 만들어냈고, 기묘한 화학물질을 조합하여 과학의 발전을 이끌었다.

산(acid)이라는 물질은 황금을 만들기 위해 노력하다 발견하게 된 물질이다. 산은 물질을 분해한다. 그래서 현재도 순수한 원소의 분해를 위해 쓰인다.

뉴턴도 연금술을 연구했다. 연금술 실험을 위해 상당히 많은 양의 수은을 사용하게 되었다. 그렇게 사용하는 도중 뉴턴 본인이 수은에 중독되어 수은에도 독성이 있다는 사실을 발견했다. 우리가 뉴턴의 업적 중 잘 알고 있는 광학 연구에도 연금술이 상당한 영향을 미쳤던 것으로 파악한다. 광학에서 뉴턴은 프리즘을 사용했다. 태양의 백색광을 스펙트럼 단색광으로 분해해 보았다. 그리고 다시 프리즘으로 단색광을 재합성하는 방식으로 접근해 본 결과 원래의 백색광이 된다는 것을 이 세상에 증명했다. 2022년 현시점에는 또 하나의 연금술이 등장한다. 바로 업사이클링이다. 현재도 리사이클링과 업사이클링에 대해 잘 모르는 분들이 많아 간략히 설명해 보겠다. 리사이클링은 재활용이다. 다시 재사용이 가능한 물품을 다시 사용한 것을 말한다. 한번 사용한 생산물을 재처리 과정을 거쳐 본래의 용도나 다른 용도로 재사용할 수 있도록 하는 것을 말한다. 쓰레기를 재활용하는 것이다. 쓰레기 중에서 취급 가능한 것은 병, 종이, 플라스틱, 알루미늄 캔 등 재가공

연도별 폐기물 발생 현황

(단위 : 톤/일, %)

구분		2014	2015	2016	2017	2018	2019
총계	발생량	401,658	418,213	429,128	429,531	446,102	497,238
	전년대비 증감율	2.2%	4.1%	2.6%	0.1%	3.9%	11.5%
생활 폐기물	발생량	49,915	51,247	53,772	53,490	56,035	57,961
	전년대비 증감율	2.4%	2.7%	4.9%	-0.5%	4.8%	3.4%
배출시설계 폐기물	발생량	153,198	155,305	162,129	164,874	167,727	202,619
	전년대비 증감율	3.2%	1.4%	4.4%	1.7%	1.7%	20.8%
건설 폐기물	발생량	185,382	198,260	199,444	196,262	206,951	221,102
	전년대비 증감율	1.0%	6.9%	0.6%	-1.6%	5.4%	6.8%
지정 폐기물	발생량	13,172	13,402	13,783	14,905	15,389	15,556
	전년대비 증감율	6.2%	1.7%	2.8%	8.1%	3.2%	1.1%

* 생활계폐기물은 생활폐기물, 사업장생활계폐기물, 공사장생활계폐기물을 모두 포함
* 지정폐기물은 사업장지정폐기물과 의료폐기물을 포함

2019년 전국 폐기물 발생 및 처리 현황 [2020, 환경부·한국환경공단]

및 재사용이 가능한 물건들을 말한다. 업사이클링은 재활용보다 더 상위 호환 격인 존재다. 쓸모없거나 버려지는 물건을 새롭게 설계하거나 디자인을 가미해 탄생시키는 것이다. 친환경을 위해 탄생했다고 하지만 시대의 흐름에 따라 예술적인 가치를 부여하는 업사이클링도 등장했다. 재활용을 비롯한 폐기물에 관련된 자료는 2020년, 환경부와 한국 환경공단에서 조사한 2019년 전국 폐기물 발생 및 처리현황이다. 2019년도에 발생한 폐기물의 총량을 보면 497,238톤/일 이나 된다. 이는 2018년에 발생한 446,102톤/일과 비교하여 무려 11.5%나 증가한 것으로 폐기물이 해마다 빠르게 증가한다는 것을 알 수 있게 한다. 2019년도 폐기물 종류별 구성비에서 건설폐기물의 경우는 44.5%로 사실상 가장 많이 차지한다. 뒤를 이어서 사업장 배출시설계 폐기물은 40.7%나 된다. 건설이나 사업장의 경우 일회성을 쓰고 버리는 폐기물이 많기 때문이다. 생활계 폐기물은 11.7%로 예년보다는 정부의 공익 캠페인이 실효를 거둔 탓도 있고 업사이클링이나 리사이클링 제품을 애용하는 소비자 심리로 조금씩 줄어들 수도 있을 것이다. 그 뒤에는 지정폐기물 3.1% 정도로 나타났다.

2017에 일부 폐기물이 소폭 감소한 것에 비해 거의 모든 분야의 폐기물들은 해마다 꾸준히 증가하고 있다는 것을 확인할 수 있다. 이에 대해 사단법인 그린훼밀리환경연합 증평군지부회장을

업사이클링 교육 장소 (제공 : 그린훼밀리 환경연합 증평군지부)

맡고 계신 박완수 회장님의 업사이클링에 관련한 조언을 들어보기로 했다.

박완수 회장님이 대표인 사단법인 그린훼밀리환경연합 증평군지부는 1984년 미래의 환경을 보호하자는 목적으로 설립된 단체다. 재활용페스티벌, 환경정화 활동, 물의 날 기념사업, 청소년 갯벌체험, 환경의날 기념 백일장·사생대회 사업, 환경축제, 도랑살리기 사업, 백두대간 산악봉사대 운영, 그린스카우트 육성사업 등을 진행하여왔으며 현재는 EM 보급사업, 환경감시대 사업, 환경교육 사업 등에 집중하고 있다.

　　기관에서는 지역주민들을 대상으로 환경교육을 실시했으며 2020년부터는 지역교육지원청 공모사업에 응모하여 지역 청소년을 대상으로 환경 교실을 운영하고 있다. 2020년도에는 다양한 환경 분야에 관한 교육을 진행하였고 올해에는 다양한 분야보다는 심화 교육을 해줬으면 좋겠다는 의견에 따라 환경분야 중에서도 업사이클링 분야를 집중하여 진행하였다.

　　업사이클링(Upcycling)은 아시다시피 재활용할 수 있는 소재에 디자인과 활용성을 더하여 가치를 높이는 일이라는 뜻으로 업그레이드(Upgrade)와 재활용을 뜻하는 리사이클링(Recycling)의 합성어다. 버려진 제품들의 단순 재활용을 넘어, 디자인과 활용도를 가미해 새로운 가치를 창출해내는 것이 바로 업사이클링이다.

　　관내 청소년들을 대상으로 자연환경과 생활환경, 지구를 사랑하는 법, 자원의 탄생, 쓰레기와 자원분리, 종이자원, 미래의 생활자원, 생활 속 환경변화, 친환경 생활을 주제로 각 차시를 나눠 환경 교실을 진행하였다.

　　박완수 회장은 청소년들에게는 우선 우리 주변에 있는 자원의 순환 방법에 대한 이해가 필요하다고 생각한다고 한다. 업사이클링(Upcycling)과 다운 사이클링(Downcycling), 리사이클링(Recycling)의 개념이해가 선행되어야 하고 이론 수업과 병행하여 흥미 위주의 실습도 중요하다고 여긴다. 커피클레이, 오호(Ooho)

물병 만들기, 나만의 방역 마스크 만들기, 공기정화기 만들기, 스칸디아모스를 접목한 업사이클링, 텀블러 만들기 등을 진행하여 청소년들의 흥미를 유발하고 자원에 대한 이해를 높이고자 노력하고 있다.

지속적인 환경보호 활동과 환경보전사업을 하고자 하며 올해 충청북도 환경교육센터와 환경교육에 대한 업무협약을 맺었지만 코로나로 인해 교육 수행 실적은 미미한 상태이다. 2022년에 본격적인 위드 코로나 시대를 맞게 된다면 지역주민과 청소년들을 대상으로 한 환경교육을 확대해 시행할 계획이라고 한다.

산업이 고도화됨에 따라 불가피하게 환경오염과 환경파괴가 진행되었다. 2021년 8월에 발표한 IPCC의 6차 보고서를 접하고 나서 환경에 관심이 있는 사람들은 큰 충격에 빠졌으리라 생각한다. 지구의 지속가능한 생태를 유지하기 위해서는 개개인의 노력이 사회의 노력, 국가의 노력으로 진행되고 전 세계적인 노력이 있어야 가능하다.

이어서 회장님은 과거 기업은 성장 중심의 운영을 해 왔지만, 기업을 경영하면서 기업의 사회적 책임을 요구받던 시기도 있었다고 회상했다. 지구촌의 각종 불확실 시대에 살아남기 위하여 기업들은 지속가능한 경영을 하려는 다양한 시도를 해왔으며 지속 가능 경영의 성과는 재무적인 수치나 정보로 나타내기 어려우므로 객관적으로 측정하고 평가하는 공통의 기준인 ESG가 나타나게 되었다. 안정적인 기업경영을 위해서는 '환경(Environment)과 사회(Social)를 해치는 의사결정(Governance)'을 해서는 안 된다는 것이 ESG 경영의 핵심이다.

ESG는 지속가능한 경영성과를 비교 측정하고 평가할 수 있는 지표이며, 사회적으로 책임 있는 투자가 이루어질 수 있도록 활용될 수 있으며 이를 통해 ESG는 앞으로도 계속 필요한 지표가 되리라 전망되고 있다.

지속가능한 발전을 위한 기업과 투자자의 사회적 책임이 중요해지면서 세계적으로 많은 금융기관이 ESG 평가 정보를 활용하고 있으며 영국(2000년)을 시작으로 유럽 등의 여러 나라에서 연기금을 중심으로 ESG 정보 공시 의무 제도를 도입하였고 2006년 출범한 유엔책임투자원칙(UNPRI)을 통해 ESG 이슈를 고려한 사회책임투자를 장려하고 있다.

우리에게 익숙했던 기후변화(climate change)라는 용어는 이제 더 맞지 않는다고 영국 언론 가디언은 지난 2019년 기후변화(climate change) 대신 기후비상사태(climate emergency)나 기후위기(crisis), 기후붕괴(breakdown) 등으로, 지구온난화(global warming)라는 표현은 지구가열(global heating)로 바꿔서 부를 계획이라고 밝힌 바 있다.

세계온도변화와 대기 내 이산화탄소 수치, 북반구의 얼음량 감소, 지구 해수면 상승 등 각종 지구의 이상 수치들을 종합하여보면 기후위기의 시대인 것만큼은 확실하다.

절망적인 기후위기를 알리고 이에 대한 대책을 촉구하기 위한 기후위기 비상선언이 잇따라 발표되고 있고 청소년 환경운동가로 유명한 그레타 툰베리는 기후위기도 코로나처럼 비상사태를 선언해달라는 탄원서를 UN에 전달하기도 하였으며 전 세계가 기후위기를 벗어나기 위한 노력을 다해야 현 기후변화를 조금이나마 늦출 수 있다고 조언했다.

회장님은 이어서 한 사람의 적은 노력이 나비효과를 일으키듯 전 세계 곳곳에서 환경운동가들의 날개짓으로 지구의 운명을 바꿀 수 있기를 소망하면서 작은 지역이지만 우리 후손들을 위해서 끊임없는 날개짓을 해야 한다고 조언했다.

내 눈에는 그대도 훌륭한 채소

고르지 못한 품종을 '못난이 농산물'이라고 한다. 못난이 농산물은 상품적인 가치가 상대적으로 낮아 그냥 버리려고 하는 경우가 많다. 이에 대해 필자는 5년 전 농림축산식품부에 관련된 내용을 언급하며 그냥 묻어서 거름으로 활용하자는 의견을 내비쳤다. 하지만 농림축산식품부에서는 다음과 같은 의견을 내놓았다.

2017-12-29 09:17:08

처리결과

(답변내용)

1. 안녕하십니까? 제안 참여에 감사드리며 농림축산식품부의 제안신청 창구로부터 우리 기관으로 전해진 귀하의 제안에 대해 다음과 같이 회신하여 드립니다.

2. 오병호님 께서는 '폐기하는 농산물을 거름으로 만들어 황폐해진

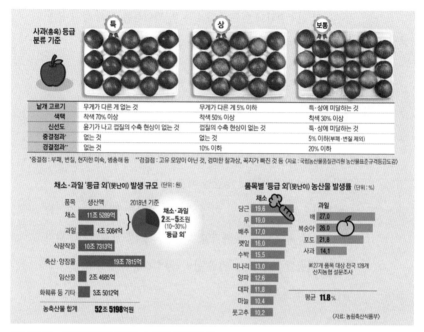

못난이 채소·과일 발생률 [제공 : 농림축산식품부]

토양에 넣어 자연생태계를 되살리자'는 내용으로 제안해주셨습
니다.

3. 귀하께서 제안하신 사항을 검토한 결과는 다음과 같습니다.

　가. 채소 및 과일 등의 폐기농산물을 퇴비(거름)로 만들어 농경지
　　에 적정하게 사용할 경우, 작물의 영양분과 토양미생물의 먹이, 토
　　양의 유기물 함량을 높이는 등 토양생태계에 좋은 영향을 줍니다.

농진청의 연구결과에 따르면 채소류 및 과일류를 파쇄 하여 톱밥과 혼합할 경우 품질이 좋은 퇴비를 만들 수 있습니다.

나. 다만, 폐기되는 농산부산물을 퇴비로 만들지 않고, 바로 토양에 넣을 경우에는 분해되는 과정에서 가스가 발생하여 작물의 뿌리가 피해를 받아 작물이 잘 자라지 못할 수 있으며 생태계에 방치할 경우에 악취발생 및 경관을 해칠 우려가 있습니다.
- 법률적으로는 농작물 및 이에 준하는 농산부산물을 농경지를 밖으로 이동하여 활용 및 폐기할 경우는 「폐기물 관리법」에 , 퇴비 원료로 활용할 경우에는 「비료 관리법」에 적용을 받기 때문에 면밀한 검토가 필요합니다.

다. 따라서, 농산물 및 농산부산물을 본 농경지 이외의 장소로 유출하거나, 퇴비화 하지 않은 상태에서 농경지 또는 비농경지에 넣을 경우 폐기물의 오남용, 악취발생이 우려되며, 경관을 해칠 우려가 있어 보다 장기적인 관점에서 판단해야 할 제안으로 판단됩니다.

※ 본 제안을 국가 정책으로 추진할 지는 농림축산식품부에서 답변 예정

4. 위와 같은 사유로 귀하의 제안을 즉시 수용하지 못하는 점을 널리 이해하여 주시기 바라며, 이밖에 문의사항은 00000부 0000과 000(XXX-XXXX-XXXX)에게 연락주시면 성심성의껏 답변해 드리겠습니다. 감사합니다.

그렇다. 함부로 땅에 거름이 될 거라는 믿음으로 내 땅에 그냥 파묻는다면 이건 거름도 퇴비도 아닌 그저 환경오염을 일으키는 음식물 쓰레기로 변질된다는 답변이었다. 콜레라나 조류독감 등의 이슈가 터지면 대개 적게는 수천마리에서 많게는 전국적으로 수백만 마리가 폐사되거나 산채로 묻어버린다. 당시에는 그 정책이 정부가 내놓을 수 있는 최선의 방책이라고 생각한다. 하지만 마구잡이로 동물들을 퇴비나 거름화하지 않고 바로 묻어 버린다면 그 속에서 발생하는 메탄가스로 인해 오히려 땅이 썩고 동물 내에 있는 균이 일정 확률로 그 땅에 자라나는 농산물에 옮겨 인간이나 다른 동물에게도 전해진다는 연구결과를 본 적이 있다. 식물의 경우는 다를 것이라 생각했는데 식물의 경우도 퇴비화 처리를 거치지 않고 바로 묻게 되면 문제가 메탄가스를 비롯한 가스의 방출로 탄소중립의 현 의제에 역행한다는 것을 2017년 당시에 알게 되었다. 못난이 농산물은 해마다 생산되는 농산물 중 해마

다 정하는 기준에 따라 최소 10%에서 최대 30%나 발생한다고
한다. 못난이 농산품으로 분류된 채소나 과일의 시중판매 가격으
로 환산한다면 적어도 2조에서 많게는 약 6조 수준이라고 한다.
대개 농촌에서는 못난이 농산물은 상품가치가 하락하여 다른 좋
은 품종의 농산물의 가격에도 미칠 영향을 생각하며 바로 버린다
고 들었다. 그렇게 되면 단체로 버려진 못난이 농산품에서 가스
가 방출하여 현재 2022년 시점에서는 탄소중립을 선언한 우리나
라의 현 정서와 맞지 않다. 2019년 백종원 대표가 못난이 작물에
대해 언급을 하며 전국적으로 못난이 농산품에 대한 인식을 긍정
적으로 변화한 적이 있었다. 강원도의 못난이 농산물 판매를 격
려하기 위해 최문순 도지사 역시 함께 했다. 그는 2019년, 2020
년, 2021년 몇 차례에 걸쳐 못난이 농산물과 산천어 등 다양한
강원도 내 농산품들을 전자상거래(E-Commerces)를 통해 성공적
으로 해결했다. 하지만 이러한 마케팅은 대개 인지도가 있는 인사
가 함께 할 때 가능하며, 이러한 인사나 유명한 연예인 등의 영향
력을 활용하여 판매한다고 한다면 마케팅 비용으로 인해 판매하
는 농산물의 가격이 올라가 사실상 그 의미를 상실하게 된다. 게
다가 유명한 인사가 함께 하는 농산품에 대한 신뢰 향상을 위해
유통구조의 다각화를 통해 유통과정의 다양한 과정을 거치면 역
시나 그 농산품들의 가격은 상승하기에 가격경쟁력에서 대형마

켓에 비해 불리해진다. 필자가 이에 대해 간단한 제안을 해보고자
한다.

SNS를 활용하는 방안이다.
각 인터넷 SNS의 장단점을 지금 현 시점에서 시작하는 사람의
입장에서 살펴보겠다.

네이버, 다음 블로그 : 2022년 현시점에서는 파워블로거들과 경쟁을
해야 하는 상황이다. 최소한 바이럴 마케팅의 힘을 빌리거나 파워블
로거들에게 홍보를 부탁하거나 이들을 관리하는 업체에 금품을 제
공해야만 가능하다. 지속가능한 정도로 본다면 시간이 지남에 따라
잊혀질 가능성도 있고, 또 금품을 제공해야 하는 일이 많기에 자신의
블로그를 직접 만들고 오랜 기간 매일 조금씩 시간을 투자해 하나씩
홍보하는 것을 추천한다.

카카오톡 : 오픈 채팅 기능도 있고, 오픈 계정 기능도 있지만 잘 알려
져 있지 않은 상황에서는 이것을 홍보하는데 시간과 비용이 많이 드
는 단점이 있고, 광고도 있지만 비싼 광고료 때문에 힘들다.

쿠팡을 비롯한 온라인 쇼핑몰 : 일반 대형 매장보다는 시간과 비용이

적게 들어갈지는 몰라도 꾸준히 비용을 지불해야 한다. 따라서 농사가 잘 안되거나 변수가 생길 시에 독이 될 수 있다.

당근마켓과 같은 중고거래 사이트 : 홍보 측면으로는 좋을 수 있겠으나, 중고가격으로 올려야 하는 점에서 가격을 싸게 올려야 할 수 도 있으며, 사기나 기타 변수에 취약하다는 단점이 있다.

유튜브 : 2022년 현 시점에서 본다면 초 레드오션이라고 보면 된다. 이미 농산물을 비롯해 식품 관련 원자재 관련 광고를 하는 계정도 많고 이들을 이기기 위해서는 시간과 비용이 상당하다. 영상물 홍보를 하는 데에는 최적화되어 있을지 몰라도 알고리즘의 혜택을 받기 전까지는 언제까지 계속해서 영상물을 올려야 할지도 모르며, 영상물도 좋은 품질의 영상물을 올리기 위해서는 시간과 비용이 꽤 많이 소요된다.

밴드 : 직접 하나하나 검색해야 하는 수고로움은 있으나, 신뢰가 쌓여 해당 물품을 구입하고자 한다면, 즐겨찾기 설정도 가능하고 광고 기간이나 광고 물품수도 걱정하지 않아도 된다. 실시간으로 해당 농산물에 대한 가격이나 궁금한 점에 관해 문의를 하면 실시간으로 답변도 가능하다. 단 한 가지 우려되는 점은 다른 비슷한 농산물품과 비

교를 해본다고 하면 가격비교가 실시간으로 확인하기 어렵다는 점과 사기 등 서로간의 거래에 대해 중재하는 플랫폼이 없어 별도의 장치가 필요한 점이 될 수 있겠다.

따라서 이들의 장단점을 엮어 좋은 아이디어가 탄생되어야 한다고 생각한다. 다만 이번 책에서는 SNS 중 밴드를 활용하는 방법에 대해서 간략한 팁을 제공하도록 한다.

1. 밴드를 통해서 농산물을 비롯한 물품 판매는 초보에게 있어서 좋은 선택지라고 할 수 있다. 다른 온라인 플랫폼은 수수료가 비싸서 물건 값이 올라간다. 밴드는 상대적으로 저렴하고 게시글로 올리게 되면 상대적으로 오랫동안 유지된다. 만약 판매나 구입에 대한 신뢰가 불안하다면 중개 플랫폼을 만들어 보는 것을 제안한다. SNS를 이용해서 저렴한 수수료만 받게 하는 판매를 중개해 주고 저렴한 수수료를 기부 형식으로 받는 것도 좋다. 거래하는 측에서는 기부를 하는 사회공헌의 이미지도 쌓인다.
2. 각 산지에 어떤 물건이 어떤 품질인지 물건을 받기 전까지는 알 길이 없다. 신뢰를 줄 수 있는 SNS 플랫폼 연결을 해주고 적은 수수료만 받아도 이것이 쌓인다면 플랫폼 당사에도 좋고 판매자와 구매자 모두 안전한 거래를 유도할 수 있다.

3. 본인이 가진 재능과 타인이 가진 재능을 서로 공유할 수 있는 플랫폼으로 확장하여 공유 플랫폼으로 서로 품앗이를 해주는 방법도 있다. 그러면 저렴하게 서로의 재능이나 물건 나눔 혹은 교체 등도 가능하다. 서로가 모르는 기술에 대한 공유도 가능하므로 서로에게 이득이 될 수 있다.

4. 필자의 경험에 따르면 어르신이나 산간지역의 농부, 영세민들은 SNS에 대해 잘 모른다. 정부에서도 이에 대해 관심으로 가지고 적은 예산이기는 하나 SNS 교육을 위한 예산을 편성하고 있으니 이것을 활용해 밴드를 비롯한 SNS 활용 지수를 높일 수 있다고 생각한다.

SNS는 이미 2000년부터 그 열기가 뜨거웠고, 2022년인 현재는 초 레드오션임에도 그 활용도는 무궁무진하다. 이를 활용해서 못난이 농산물이 함부로 버려져 자원낭비나 환경오염이 되는 것을 막고, 그 가치가 제대로 전해져 자원도 보존하고 환경도 보존하는 긍정적인 차원에서 SNS의 순기능을 최대한 이용해 보는 것도 이 시대를 현명하게 살아가는 방법 중 하나다.

수소, 우리의 새로운 미래 키워드

2022년 현 시점보다도 훨씬 전인 2013년부터 우리나라는 수소사회로 전환하기 위해 총력을 기울이고 있다. 수소는 독자들도 잘 알고 있듯이 우리가 살고 있는 지구에서 가장 많은 양을 차지하는 원소인 산소, 2위를 차지하는 규소 다음으로 3번째로 제일 많은 원소이다. 수소사회로 전환하는 것을 탄소중립을 선언한 우리나라에서 추진하고자 하는 이유는 수소와 산소를 혼합하여 연료 전지 내에서 에너지를 만들어 내면 석탄과 같은 탄소도 원자력과 같은 방사능도 아닌 깨끗한 에너지와 깨끗한 물만이 생산되기에 정부에서도 수소사회로 전환하기 위해 노력한다. 수소를 추출하는 방법은 부생수소, 천연가스 개질 그리고 전기분해 이렇게 3가지 방법이 있다.

이런 방식으로 수소를 얻게 되면 현재 가장 이슈가 되고 있는 수소차와 연결할 수 있다. 수소차의 핵심인 수소연료 전지는 화학

수소관련으로 이철규 국회의원님과의 면담

반응으로 전기에너지를 만드는 장치를 말한다. 장치는 수소로 화학 반응을 일으키게 되어 전기를 생산하는 원리로 작동한다. 이전지의 또 하나의 핵심은 셀(cell)이라는 것이다. 셀은 수소연료전지 중심의 전해질 막 양쪽에 연료극, 공기극이 접합되는 요소를 말한다. 셀은 층으로 쌓게 되면 스택이라고 불리고 여러 장치를 옆으로 붙이게 되면 수소연료전지라고 불리는 것이다.

물을 전기를 이용해 분해하게 되면 수소와 산소로 나뉜다. 수소연료전지는 이러한 성질을 반대로 이용해 수소와 전기를 나누는 것이 아니라 전기를 이용해 분해하는 성질을 역으로 이용해서 수소와 산소로 전기를 생산하도록 한다. 셀의 전해질 막 양쪽에 연료극(-극)에는 수소를 보내게 된다. 연료극의 반대쪽에 위치한 공기극(+극)에는 산소를 공급한다. 연료극으로 공급되어진 수소는 이후에 수소 이온과 전자로 분리된다. 수소이온은 전해질 막을 지나 공기극으로 이동한다. 수소이온이 산소와 결합하게 되면서 물을 생성한다. 그래서 수소차를 타고 다니면 깨끗한 공기를 만들게 된다는 광고를 언론매체를 통해 접할 수 있을 것이다.

수소연료전지의 장점 중 하나는 에너지 효율성이다. 수소 관련 기관에 따르면 수소연료전지의 발전 효율은 42~60% 이상이라고 한다. 이는 화석연료(38~45%)보다 높은 수치라고 할 수 있으며, 일반적인 화석연료가 사용한 이후 탄소와 이산화탄소, 일산화탄소를 배출하는 것과는 달리 수소를 사용하면 깨끗한 물과 산소를 배출하기에 상대적으로 훨씬 깨끗한 연료로 불리는 것이다. 수소연료는 화석연료처럼 연소시켜 열에너지를 발생시키고 발생시킨 에너지를 2차, 3차 과정을 통해 기계적 에너지로 변환해야하는 과정이 없기에 연료의 효율성 측면에서는 수소연료가 더 효율적이라고 할 수 있다. 단, 단점을 꼽아 본다면 수소연료전지의 생산을 위해서는 팔라듐이나 백금 그리고 세륨과 같은 희귀금속과 일부 희토류 등이 필요하기에 이들의 원가가 비싸기에 수소연료전지의 값이 비싼데 가격경쟁력을 위해서는 비싼 재료값을 대체할 수 있는 재료에 대한 연구가 필요하다고 본다.

현재는 현대에서 '넥쏘'가 대표적으로 수소연료전지를 활용한 자동차라고 할 수 있다. 우리나라에는 수소연료전지를 이용한 자동차 외에도 이를 활용한 발전소가 있다. 충청남도 서산시 대산읍에서 운영 중인 대산그린에너지도 있다. 대산그린에너지의 경우는 '그린수소'가 아닌 석유화학공장에서 나오는 '그레이 수소'를 활용하긴 하지만 부생수소를 그대로 방출하는 것보다는 효율적이라는 평가가 많다.

우리가 생각하는 수소 사회의 전환에서 쓰이는 방식은 '그린수소'다. 수소를 생산할 때 탄소를 발생시키지 않는 방식이 그린수소다. 그린수소를 생산하기 위해서는 수전해 방식을 이용한다. 태양광, 풍력발전기를 통해 얻은 전력으로 전기분해하며 물(H_2O)을 이용해 산소와 수소(H_2)로 분리하는 것이다.

우리나라는 수소사회로 전환, 수소경제를 선도하기 위해 수소 기술 개발에 박차를 가하고 있다. 2030년까지 수소열차와 수소선박, 수소버스 등을 상용화한다는 계획을 가지고 있다. 수소차와 전기차도 2040년까지 620만 대(내수 290만 대 이상, 해외 수출 330만 대 이상)이상을 생산하고 판매한다는 야심찬 계획을 갖고 있다. 심지어 이 계획이 성공하기 위해서는 수소 관련된 인프라도 필요하므로 수소발전소를 비롯해 수소차를 위한 충전소도 다수 확보하겠다는 계획이 있다.

하지만 수소사회로 전환하기 위해서는 건너야 할 산이 있다. 바로 안전성과 관련 인프라다. 안전성에 대해서는 수소 자체의 폭발력으로 걱정하는 사람들이 많다. 1783년 수소를 활용한 애드벌룬의 큰 성공으로 전 세계가 수소 열풍에 한창이던 때가 있었다. 하지만 1937년 독일에서 LZ129 힌덴부르크호가 폭발하는 사건이 있었다. 정전기 불꽃이 그 원인이었다. 이후에는 수소보다는 가격이 10배가량 비싸다 하더라도 상대적으로 안전한 헬륨을 쓴다고 한다.

이제 수소차로 넘어가면 수소차의 최대 장점은 전기차보다 주행거리가 더 길고 힘도 더 좋다는 것이다. 배출하는 배기가스는 전혀 없다는 것이다. 움직이는 공기청정기를 운전하는 것이 된다. 지구심폐소생술에 기여하는 측면에서 긍정적이다. 수소단가는 싸고 저렴하다. 이 외에도 전기차와 비교했을 때 장점 몇 가지를 언급해 보겠다.

첫 번째는 기존 전기 인프라를 활용해 효율적인 이용이 가능하다는 것이다. 태양광 발전은 전력거래소에 따르면 전력시장에서 계측되고 있는 태양광의 피크시간대는 16~17시이며, 전력거래 외 실제 피크시간대는 14~15시라고 하며 태양광발전 비중은 약 1.7%에서 11.1%라고 한다. 피크 시간대나 피크 시간대 이외에도 태양광 에너지는 수요치에 따라 상당부분 버려질 수 있다. 수

력발전과 원자력발전의 경우는 밤, 새벽 발전에 유휴 전력이 많아 심야 시간대에 전력을 사용하면 할인해 주는 정책도 있었다. 이때 낭비되는 전력을 수소 생산에 사용해본다면 전력 사용 효율이 높아진다. 수소사회로 전환된다면 수소는 버려지는 전기 에너지에 대한 보존 매체가 되어 그 사용의 빈도가 더 높아질 것이다.

두 번째는 전기차에 비해 수소차는 빠른 충전이 가능하다는 것이다. 2018년 현대에서는 넥쏘라는 전기차를 공개했다. 넥쏘는 5분 내외라는 충전시간으로 전기차보다 월등한 충전 속도를 자랑했다. 기존의 경유나 휘발유로 대표되는 화석연료 주입시간은 1~2분 수준이다. 수소차는 이보다 조금 긴 시간이다. 하지만 충전 시간에 대한 연구가 이루어진다면 지금보다는 충분히 감안할만한 충전이 가능할 것이다. 하지만 전기자동차는 태생적으로 충전 시간을 짧게 하는 것은 현재로서는 어려워 보인다. 전기차로 유명한 테슬라의 경우도 지인에 따르면 30분 이상 걸린다고 한다.

세 번째는 전기차에 비해 가볍다고 하는 것이다. 현대에서 발표한 수소차 넥쏘의 경우 600km이상을 운전하기 위해서는 필요한 수소의 양은 6kg 수준에 불과하다고 한다. 수소전지탱크의 무게는 성인기준으로 제자리에서 어느 정도 거리에서 서로 던지고 받을 수 있을 정도의 무게라고 한다. 하지만 전기차의 경우는 리튬이온 배터리가 장착된다. 400㎞를 주행거리로 하는 경우에만

하더라도 배터리 무게만 무려 400~450㎏ 정도로 성인 한명으로
는 어림도 없고 적어도 8명 이상의 건장한 성인남성의 경우에도
버거워 하는 무게다. 리튬은 가볍지만 여기에 양극·음극에 쓰이
는 알루미늄과 구리로 인해 무게가 상당히 나가는 것이다.

　이런 장점이 있지만 아직 넘어가야 할 단점 몇 가지에 대해서
도 언급해 보겠다.

　첫 번째로는 비싼 연료비를 들 수 있다. 넥쏘의 경우는 7천만
원 이상 이지만 정부 보조금 등을 활용하면 4천만 원에서 5천만
원 이상정도로 구입이 가능하다. 하지만 연료가격이 비싸 구입을
힘들게 하는 경향이 있다. 평균 kg 당 8,000원 수준이다. 600km
를 온전히 운전하기 위해서는 5~6 kg이상이 필요하다. 이때 드는
비용은 4만 2천원 수준이다. 2022년 시점에서는 현대의 전기차
아이오닉5와 수소차가 똑같은 거리를 간다고 비교해 보았을 때,
70% 정도인 3만원 조금 안 되는 비용이 소요된다. 하지만 시간도
돈이라는 측면으로 보면 수소차의 5분 충전과 전기차의 1시간 충
전을 비교해 본다면 어떤 것이 더 나은지는 독자의 판단에 맡기
겠다.

　두 번째는 아직도 부족한 수소 충전소의 개수와 이를 설치하기
위한 과다한 건설비가 예상되기 때문이다. 우선 정부에서 수소사
회로 전환한다고 한다고 했지만 2022년 1월 시점으로만 보아도

전국에는 85곳 밖에 되지 않으며, 그조차도 수도권과 서울에만 한정되어 있어 지방에 사는 사람들에게 수소차는 아직도 먼 이야기로 비추어 질 수 있다. 심지어 강원도와 충청북도, 전라남도와 전라북도에는 충격적인 정도로 머나먼 곳에 떨어져 있어서 수소 연료가 부족할 시 이를 해결하기 위해서는 견인이 필수라는 농담이 현실로 다가올 정도로 극악의 난이도로를 자랑한다. 또한 이를 설치하기 위해서는 충전소 한 기당 30억 원이 넘게 들고, 조건도 까다롭다. 안전문제를 포함한 수많은 문제가 복합하게 얽혀 있는데다 완공 이후에도 수익 측면에서도 적자 경영이 걱정될 정도이므로 이에 대한 대책이 필요하다. 환경부에서는 한 기당 15억 원으로 지원해주고, 국토부에서는 한 기당 10억 정도 지원해 주지만 이렇게 지원해 주어도 완공 후 수익 측면에서 부담을 안고 가야 한다.

세 번째는 수소를 생산하고 난 이후 이산화탄소 등 오염물질이 배출된다는 점이다.

수소자동차는 매연이나 이산화탄소를 배출하지 않는다고 언급했다. 하지만 연료로써 쓰이는 수소를 생산하는 과정은 온실가스인 이산화탄소를 비롯해 다른 오염물질들도 대량으로 배출한다는 비판에서 자유로울 수는 없다. 수소만 걸러내고 난 후 찌꺼기는 배출한다. 배출할 때 이산화탄소 포집 CCUS나 DAC를 활용한다고 해도 탄소저감 기술은 아직 연구 중인 기술이고 경제적으로 진행하기에는 아직 먼 이야기다. 현재 가장 많이 쓰이는 전기분해방식은 경제성이 낮다. 대량생산과 경제성을 확보하려면 현재로서는 천연가스 개질법과 같은 화석연료를 활용한 방법을 쓴다. 이 방법들은 독자들도 잘 알듯이 온실가스를 배출한다. 화석연료 의존도가 높아지므로 탄소중립에 반하는 것이 된다. 그래서 관련 법안을 촉구하는 목소리가 높은데 이는 가격을 올려 받을 명분으로 작용한다.

그럼에도 불구하고 현대의 경우는 왜 무리할 정도로 수소차에 목숨을 거는 것인지 의아해하는 사람이 많다. 현대는 1998년부터 2022년 지금까지 전기차보다 수소차에 목숨을 걸고 있으며, 2021년 12월 기준으로 내연차를 대표하는 엔진부를 해체했다. 하지만 기업은 바보가 아니며, 단순히 환경을 사랑하고 국민을 위해 자선사업을 벌이는 주체가 아니다. 바로 엔진을 비롯한 관련 기술의 부족 때문이다. 현대자동차는 역사가 100년도 안 된 회사다. 1967년 12월 29일에 설립된 회사다. 2022년 기준으로도 55년 정도 되었다. 세계의 유명 기업들 중 100년이 넘는 자동차나 엔진 관련 기업들은 이미 엔진 기술을 다수 보유했다. 하지만 현대는 아니다. 엔진을 만들거나 전기차를 만들더라도 일본, 미국을 비롯한 해외의 기술력을 크게 웃도는 기술을 보유하지는 못했다.

전기차만 하더라도 중국이나 일본 그리고 미국의 테슬라 등과 비교해 볼 때도 현대가 살아남을 길은 희미해 보인다. 하지만 수소차는 다르다. 수소차에 관련해서는 한때 경쟁력 있는 외국기업들도 도전했지만 결국 남은 것은 현대와 토요타가 대표적일 뿐 나머지는 시도 수준에서 끝나거나 이들의 결과물을 벤치마킹하기만을 기다리고 있을 뿐이다. 현대는 늘 해보기나 했느냐는 말이 경영의 모토일 정도로 위기순간에 더 과감한 투자와 결단을 내렸다. 로봇회사 인수를 할 때 전 국민은 의아해 했었지만, 지금은 향후 급진적인 기술발달의 시간 단축과 늘어만 가는 인건비에 대한 합리적인 투자로 인정받게 되었다. 수소차, 로봇 그리고 모빌리티 사업으로 드론 택시를 비롯한 미래사회의 선점을 넘어 독점, 살아남기 위한 투자를 하는 것이다. 단지 생존을 위해서다. 아직 수소 관련 법안도 계류에 그치고 있고, 비용 문제 등 넘어가야 할 산은 많다. 하지만 세계는 그런 우리나라를 마냥 기다려 주지 않고 호시 탐탐 경제를 장악하기 위해 보이지 않는 전쟁은 계속해서 우리를 위협하고 있다. 그렇기에 현대가 생존게임에서 승리하여 우리 국민들도 조금은 숨 쉬고 살 만한 수소사회로의 실험적 전환이 성공에 이르기를 기대해 본다.

조상님께서 주는 환경의 지혜

조선시대에 살던 조상님들은 범신론을 받아들였다. 범신론은 우주와 세계, 자연에 존재하는 모든 것을 자연법칙과 엮어서 신이 깃들어 있거나 신 그 자체가 있음을 믿는 것이다. 그 범신론이 조선시대까지 조상님들의 삶의 철학이자 종교관이자 예술까지 지배한 종합적인 세계관 그 자체였다. 조상님들은 자연 자체를 하나의 신으로 보았다. 자연에 순응하고 자연과 조화를 이루는 삶이 신과 하나가 되는 최선이 삶이라고 여겼다. 재활용이나 자연을 사랑하는 조상님들의 환경의 지혜를 다섯 가지 범위로 알아보고자 한다.

우리 조상님들은 첫 번째로 물을 깨끗이 이용했다. 필자가 어릴 적만 하더라도 할머니나 부모님께서는 시골에서 다음과 같은 말씀으로 물의 소중함을 알리셨다. 시냇물에 오줌을 누면 안 된다. 함부로 오줌을 누게 되면 고추 끝이 마치 감자고추처럼 부어

오른다고 하셨다. 남자 아이 혹은 성인이 된 남성이 바깥에서 해를 보고 오줌을 누면 아이를 가질 수 없다고 하셨다.

　비누나 샴푸와 같은 주방세제가 없던 시절 우리 조상들은 다음과 같은 천연세제를 사용하셨다. 우선 나무를 태운 재를 물에 우려낸 다음 그것을 걸러서 1차 천연세제를 만들었다. 그것을 잿물이라고 한다. 또한 오줌을 배출한 이후 며칠 이상 삭힌 오줌을 이 잿물과 섞어서 세제의 대체용도로 쓰기도 했다. 잿물에는 탄산칼륨이 들어있고, 오줌에는 암모니아가 들어있다. 이것은 찌든 때를 없애주는 세정 작용을 한다. 조상님들은 쌀 씻은 물을 모으곤 했다. 밥을 먹은 뒤에는 그릇의 기름기를 제거하기도 하는데 쓰였다. 쌀 씻은 물은 소나 돼지에게 주기도 하였다. 가축이나 반려동물이 없는 집은 쌀 씻은 물을 모아 마당 한 구석에 토란밭을 만들고 거름이자 퇴비의 일종으로 사용했다. 이러한 것들은 필자가 시골집에 살면서 일부는 부모님으로부터 전해 듣기도 하고 실제로 활용도 해보았다. 듣기만 했을 때 보다 실제로 활용해 보니 새삼 놀라기도 했고, 조상님들의 지혜에 감탄하기도 했다.

　우리 조상님들은 두 번째로 쓰레기를 현명하게 사용했다. 과거 개인 주택으로 있던 시절에는 마당 한구석에는 퇴비로 사용하기 위해 모아두는 그릇과 변소가 있는 집이 많았다. 쓰레기가 발생하면 쓰레기를 모아 그 그릇에 며칠간 썩게 하였다. 잘 썩은 것이 확

인이 되면 지게를 짊어지고 지게꾼에게 넘기거나 소가 밭을 갈 때
가 되면 퇴비로 처리하여 곡식이 무럭무럭 자라도록 농지에 골고
루 뿌리기도 했다. 첫 번째에서 이야기 했던 삭힌 오줌 역시 퇴비
로 처리하는 경우도 있다. 똥은 돼지에게 있어 좋은 영양분을 제
공한다. 그렇게 똥을 돼지에게 먹이고 그 돼지는 다시 사람이 잡
아먹는 과정을 통해 조상님은 버리는 것을 최소화 하였다. 마을
어르신께 들은 이야기로는 과거에 조상님들은 잿물을 포함한 재
를 버리다 적발되면 서른 번의 곤장을 맞는다고 하셨다. 똥을 버
리다가 적발되면 오십 번의 곤장을 맞는다고 하셨다. 현대시대를
살아가는 우리에게는 해치워야 할 골칫거리 중 하나가 인간의 오
물인데 조상님들은 이를 현명하게 활용하고 함부로 자원을 낭비
하면 벌까지 내리시는 것을 보니 현 시대보다 자원관리에 대해 더
철저하게 관리했다는 느낌이 들었다.

　우리 조상님들은 동물을 사랑했다. 시골에서 살면서 장독대에
다 흰 종이로 버선을 말고서 거꾸로 올려놓은 것을 보았다. 이러
한 방법은 노래기나 지네와 같이 발효 음식을 좋아하는 벌레들이
장독에 들어가지 못하도록 하는 방법이었다. 하얀 빛을 싫어하는
특성을 이용해 하얀 버선의 빛에 놀라 스스로 도망가게 만드는
방법이었다. 살생을 하지 않으려는 우리 조상님들의 사랑을 느낄
수 있다. 또한 어르신들과 일을 하다 보면 나이 드신 어르신은 콩

을 심을 때마다 구멍 하나마다 무려 세 알을 심으셨는데 그 연유를 여쭈어본 적이 있었다. 어르신의 말씀으로는 한 알은 땅 속에 살고 있는 벌레나 곤충들을 위해 심는다고 하셨다. 또 다른 한 알은 고양이나 참새나 들개나 멧돼지와 같은 짐승들을 위해 심는다고 하셨다. 그리고 마지막 알이 농사를 짓는 사람들이 먹게 되는 것이라고 하셨다. 그렇게 말씀하시면서 자연이 인간을 위해 무언가를 주듯 우리 인간도 자연을 위해 무언가를 해주지 않으면 수확이 어렵기에 주고받기의 원칙을 잘 지키라고 말씀해 주셨다.

우리 조상님들은 네 번째로 친환경적인 건축양식과 삶의 양식을 자랑한다. 초가집의 벽은 외(畏)를 엮어 놓는다. 그 이유는 빗물이 천장을 통해 집으로 들어오지 못하게 함과 보온의 효과를 동시에 가지고 있기 때문이다. 천장에 쓰이는 짚을 흙과 섞어 바른다. 표면에는 고운 흙을 짓이겨서 바른다고 한다. 흙은 열의 차단 효과가 높다. 흙은 여름에는 집안을 시원하게 유지시켜 주고, 겨울에는 따뜻하게 유지해주며 일 년 내내 집안의 온도를 일정하게 유지한다. 심지어 습도를 조절하기도 한다. 습할 때는 습기를 머금는다. 건조할 때는 그간 머금은 습기를 내뿜어 주기도 한다. 습도 조절기 역할을 톡톡히 한다. 흙은 바람을 미세하게 통과시키기에 답답하지 않고 환기나 통풍도 좋다. 심지어 무너진다고 해도 쓰레기 없이 온전히 자연으로 돌아가는 자연의 순리를 따르기도 한다. 집 아래에는 온돌이 있어서 구들장에 나무를 때워 열이 발생하면 난방과 동시에 취사가 가능하다. 온돌은 이미 잘 알려져 있듯이 난방의 효과가 높다. 현대시대를 살고 있는 우리도 온돌의 원리로 보일러의 효율을 극대화하기도 한다. 온돌은 바닥 부분이 따뜻하게 유지된다. 우리 인간의 가장 이상적인 몸 속 온도의 형태는 머리는 차갑고 발은 따뜻하게 유지되어야 한다는 것이다. 그렇게 되어야 혈액 순환이 원활하게 된다. 온돌로 재나 먼지가 전달되지 않아 실내에서는 공기의 오염이 없다. 이는 폐 기관을 건강히 유지시켜 준다. 온돌 이외에도 옻의 효능 또한 우리는 잘 알고 있다. 옻은 옻나무의 천연도료로 쓰였다. 나무로 만든 생활도구에 옻칠을 칠한 가구들을 보면 이를 잘 알 수 있다. 옻칠을 하면 표면에 견고하고 단단한 막을 형성하여 광택이 나면서 오랫동안 사용해도 변하지 않는 아름다운 자태를 뽐냈다. 우리나라의 자랑인 국보 32호 팔만대장경은 제작한지 무려 700년이라는 세월이 지나도 훼손되지 않았다. 현대시대에 제작된 가구들은 십 년만 지나도 망가지거나 형태가 변형되는 것에 비해 상당한 기술력을 엿볼 수 있다. 그 이유는 옻칠을 해서 내구성을 높였다는 것이 전문가들의 의견이다. 숯도 빠질 수 없다. 팔만대장경이 보관되어 있는 해인사 경판전을 보면 700년이나 지났음에도 곰팡이나 거미줄 하나 찾아보기가 어렵다. 석굴암이 일제강점기의 아픔으로 조금은 형태가 변형되었다고는 하지만 그 이전까지는 천년의 세월을 온전히 간직했던 이유는 숯 때문이라고 한다. 우리 조상들은 숯을 정수기로 활용하는 지혜가 있었다. 우물을 파고 나면 숯을 잘 씻어서 우물 바닥에 설치하게 한다. 그 위에 자갈을 올려놓으면 숯 속에 들어있는 미네랄 덕분에 물맛이 변하지 않고 좋았다고 한다. 그뿐만 아니라 숯에 있는 수많은 미세한 구멍들은 정수 역할을 하며 우물 속에 행여나 존재할 수 있는 더러운 물질을 정수하기도 했다. 숯은 우리가 잘 알다시피 공기청정기 역할도 톡톡히 해낸다. 공기 중에는 우리에게 필요한 산소 외에도 수소나 탄소 그리고 질소 등의 우리 몸을 해롭게 하는 존재들이 있다. 이들을 정화하여 방안에 숯덩이를 두면 공기가 맑아진다고 한다. 필자의 집에도 컴퓨터나 텔레비전 같이 전자파를 발생시키는 존재 곁에 숯을 둔다. 냄새도 정화하고 공기도 정화하고 습도도 조절되어 안성맞춤의 효도노릇을 톡톡히 해낸다.

우리 조상님들은 다섯 번째로 생활용품마저 환경 친화적 삶을 사셨다. 과거 조선시대까지만 하더라도 생활용품은 볏짚이나 보릿짚을 이용한 제품들이 많았다. 사극을 보면 멍석을 만드는 그 멍석, 볏짚을 이은 망태기, 곡식이나 소금을 담아 이동하기 위한 가마니, 식품을 말리는데 사용한 소쿠리 등이 대표적이다. 짚신은 일부로 헐겁게 제작한다. 벌레를 멋모르고 밟더라도 미세한 틈새로 인해 벌레를 쉬이 죽게 하지는 않는다. 짚신 하나까지도 작은 생물의 생명을 귀히 여기는 조상님들의 지혜가 엿보인다. 끓고 나면 열이 오랫동안 보존되어 된장찌개나 곰탕 등에 쓰이는 뚝배기를 본적이 있을 것이다. 금속으로 그릇을 만들면 금속의 부식이나 산화로 인하여 우리 몸에 해로운 물질을 만들어지고 우리는 먹게 될 것이다. 뚝배기는 다르다. 전문 연구기관에서도 오래전에 연구한 결과 뚝배기는 화학적으로 매우 안정된 그릇이라고 한다. 인체에 해롭지 않고 맘먹고 국밥 한 그릇 가능하다는 것이다. 숨쉬는 그릇이라는 옹기는 수돗물을 생수로 가능하게 하고 장을 변하지 않고 잘 발효시키는 기능이 있다. 김장철에 옹기에 김치를 보관하여 겨울을 나는데 이는 숨을 쉬면서 발효되어 그 맛을 더 좋게 하기 위함이라고 한다. 외국 사람들은 우리 옹기의 효능을 연구 결과를 통해 잘 알고 있다. 그들은 우리에게는 당연한 옹기를 신비한 동양의 그릇이라며 엄지를 치켜 들 정도다. 옹기를 빚는 흙인 태토는 눈에 보기에도 매우 작은 모래 알갱이로 섞여 있다. 유약도 친환경적인데 이런 유약을 잘 바른 옹기는 가마 안에서 고열 처리를 하면서 표면에 미세한 숨구멍이 생기는데 이것이 핵심 기술이다. 여름철에 시골에 가서 장항아리를 잘 살펴보면 신기하다. 무언가 하얗게 소금기가 서려있는 것을 볼 수 있다. 또한 옹기 표면에 끈적끈적한 액이 밖으로 뿜어져 흘러나온 것을 볼 수 있다. 옹기가 숨구멍으로 노폐물을 보낸다는 신호다. 옹기는 그 안에 습기가 가득차면 숨을 내쉬어 밖으로 내보내면서 습도를 자동적으로 조절한다. 반대로 건조해지면 숨을 들이마셔 습기를 그 안에 채워 넣어 조절하는 놀라운 기능을 탑재한 우리 조상님들의 지혜를 엿볼 수 있는 물건이다.

BONUS

에코 라이프 스퀘어

2021년 12월 09일 국무조정실, 청와대, 2050 탄소중립위원회가 함께 모여 청년의 제안을 들어 보는 자리를 가졌습니다. 구윤철 국무조정실장님과 윤순진 2050 탄소중립위원장님이 함께 하신 자리에서 청년의 목소리를 현장에서 모으고 전달하는 모습은 기존의 이미 정해진 절차의 행사와는 전혀 다른 획기적이었습니다. 탄소중립을 위한 청년의 제안을 들여다보겠습니다.

2050 탄소중립을 위한 청년의 제안

[1. 탄소중립을 위한 기업과 사회의 역할]

● 2050 탄소중립을 위해 기업들에게 다음과 같이 요구합니다.
- 그린워싱은 지양하고 친환경 마케팅을 포함하여 진정성 있는 행동 및 의사결정을 보여주기를 요구합니다.

- 해외 화석연료 발전소 건설을 멈추고, 개발도상국에 대한 지속 가능한 책임을 수반하기를 요구합니다.
- 재생에너지 사업에 있어 지역사회 기반으로 추진하고, 진행 과정을 지역사회에 투명하게 공개하며, 향후 운영 과정에서 모니터링을 포함하여 철저히 관리할 것을 요구합니다.
- 산업 포트폴리오를 탄소중립에 맞춰 구성할 것을 요구합니다.

● 2050 탄소중립을 위해 우리 사회가 기후와 관련된 형평성과 정의의 문제에 관심을 가지고 온실가스 비용을 반영한 경제시스템으로 재편할 것을 요구합니다.
- 당장의 기후위기 피해를 감안해 화석연료 금융투자를 멈추고, 재생에너지 투자에 집중하십시오.
- 탄소중립을 이행하는데 있어 지역·기업간 "형평성과 정의"의 문제에 관심 가져주기를 요구합니다. 수도권-비수도권, 도시-농촌, 대기업-중소기업 등의 관점에서 모두에게 "형평성"있게 "정의"롭게 접근할 수 있기를 요구합니다.
- 서울의 에너지 소비 집중을 해소하기 위해 신재생에너지를 고려 시 각 지역 특성에 맞는 재생에너지 사업을 추진할 필요가 있으며, 동시에 서울의 에너지 자립도를 높일 필요가 있습니다.
- "기후위기의 시대에 성장에 대한 토론의 장" 마련을 요구합니다.

환경을 고려하여 청년 위주의 성장 담론 형성의 장이 필요합니다.

- 청년세대가 공감하거나 참여할 수 있도록 생애주기에 맞춰 접근하기를 요구합니다.(예시: 친환경적인 행동 시 에코마일리지 형태로 적립, 친환경 주거 시스템 반영, 환경에 대한 가치관을 반영한 기업의 채용문화 조성 등)

- 환경이슈와 관련하여 기업의 사회적 책임에 대해 인센티브와 패널티를 적용하고, 기업이 탄소중립을 해야 하는 이유를 더 쉽고 친숙하게 접근하도록 해야 합니다.

[2. 탄소중립을 위한 정부의 역할]

● 다음과 같이 제도를 개선할 것을 요구합니다.

- 시민들에게 탄소중립에 관한 정보를 투명하게 공개할 것을 요구합니다.

- 탄소중립에 대한 교육 및 환경교육 제도를 현재보다 더욱 확대하여 개선하고, 홍보와 마케팅을 활성화하여 대중의 선호를 높이는데 노력해야 합니다.

- 탄소중립을 위한 청년 활동가 양성 정책 및 예산 지원을 요구합니다.

- 탄소중립을 위한 기술과 산업육성에 아낌없이 지원하기를 요구합니다.

- 탄소비용을 반영하여 제도를 개선할 것을 요구합니다.
- 당사자성을 반영하여 청년이 탄소중립 정책참여 과정과 이행체계에 활발하게 참여할 수 있도록 할 것을 요구합니다.
- 개인과 가구, 커뮤니티가 직접 참여할 수 있는 에너지 관리 정책을 입안해야 합니다.
- 지자체의 탄소배출권 사용을 위한 체계가 필요합니다.

● 다음과 같은 거버넌스 체계의 정비를 요구합니다.
- 지역형평성과 도·농간의 연계성을 고려한 거버넌스 체계를 구축하는 것을 요구합니다.
- 탄소중립위원회 위원장을 국무총리에서 대통령으로 바꾸고, 기후위기를 새로운 안보위협분야로 분류하여(예시: 민방위 교육, 무기개발 등) 국방 분야를 포괄하는 정부 총괄부처를 신설해야 합니다(청년 활동가 일정 비율 필수 포함).
- 탄소중립과 관련하여 현장에서 종합행정을 추진하고 있는 지방정부로 여러 국가권한을 이양, 자치분권 강화하고 지역적 특성을 반영한 탄소중립 정책 추진이 필요합니다.

● 다음과 같은 지원책을 수립하길 요구합니다.
- 탄소중립 실천을 느낄 수 있는 매개체로서 OTT등의 온라인 플

랫폼에 대한 정부의 육성정책을 촉구합니다.

- 전기차에 대한 포괄적인 탄소중립적 정책 지원을 요구합니다.
- 블루카본에 대한 연구예산 및 정책적 고려가 필요합니다.

● 다음과 같은 엄격한 규제책을 수립하길 요구합니다.

- 일회용품의 사용을 원천적으로 금지하거나 줄이고, 이를 감시할 기구를 요구합니다.
- 제품 표준화를 통해 불필요하게 버려지는 자원의 낭비를 줄이도록 유도하길 요구합니다. 또한 무의식적으로 낭비되는 자원에 대한 연구와 이에 대한 정책이 필요합니다.

● 마지막으로, 초당적으로 기후위기에 대한 담론을 이끌어 나갈 것을 촉구합니다.

[3. 국제사회 내 대한민국의 선도적 역할]

● 2050 탄소중립을 위해 국제사회에서 우리나라의 역할에 대해 다음과 같이 요구합니다.

- '더 늦기 전에 국제 사회에서(ODA, 공공기관, 민간 등) 선도적인 역할을 해 나가며 성공적인 사례들을 만들어 나가야' 합니다.

- 베트남·인도네시아 화력발전소의 공적금융 지원을 중단해야 하며, 이를 우리나라의 탄소중립 선진사례로 남게 해야 합니다.
- 선진사례 개발(지자체 파일럿 등)이 필요합니다.
- '국내외 화석연료에 대한 투자를 중단하고, 책임있는 기업(개인) 등에 탄소세를 부과해 나가야' 합니다.
- '재생에너지와 탄소저감 신기술 투자 및 지원 확대를 통해, 새로운 경쟁력과 기회들을 만들어 나가야' 합니다.
- 기술개발 및 투자(특히 안전한 저탄소기술)가 필요합니다.

[4. 청년 스스로의 실천방안]

● 나(우리)는 2050년 탄소중립을 위해 청년층이 주체가 되어 범사회적인 인식제고를 위한 소통을 하고, 탄소중립에 도움이 될 수 있도록 알리겠습니다.
- 2050 탄소중립의 주체가 되어 타 연령층의 인식 저변 확대를 선도하고 범사회적인 소통의 창구가 되겠습니다.
- 2050 탄소중립을 위해 모든 소비를 줄이거나 개선하면서 탄소중립에 도움이 될 수 있도록 알리겠습니다.
- 2050 탄소중립을 위해 '개인적인 실천을 통해 소비/온실가스 배출을 줄여나갈 것'을 약속합니다.

- 친환경 기업 또는 제품을 구분할 수 있는 소양을 기르고, 미래지 향적인 투자를 하겠습니다.
- 친환경 소비문화를 만드는 데 앞장서고, 이를 다른 계층으로 확산 시키도록 노력하겠습니다.(예시: 일회용품 사용 억제 업체에 대한 유행 만 들기. 환경을 위하는 소비는 "불편한 것"이 아니라 "즐겁게" 실천할 수 있다는 의 견의 확산)
- 본인의 삶의 현장과 연결하여 친환경 활동을 소개하는 캠페인 확 대에 동참하겠습니다.(예시: 텀블러 사용, 중고마켓 이용, 플라스틱 사용 최 소화 등)
- 기후투표 및 제도개선을 정치가들에게 요구하겠습니다.
- 오픈소스 등의 방식으로 지역 현장에서 기후위기 문제를 스스로 해결하고 자기주도성을 함양하겠습니다.
- 적정기술, 업사이클링 등 느리게 살아가는 새로운 삶의 양식을 적 용하겠습니다.
- 2050 탄소중립을 위해 '내 일상과 내 직업 속에서 온실가스 저감 및 실천의 중요성의 가치를 확산시켜 나갈 것'을 약속합니다.

2021년 12월 9일
'2050 탄소중립! 청년이 말한다!' 참가자 일동

출처 : www.2030.go.kr

Environment(환경)

Sustainable Development Goals(지속가능목표)

Governance(거버넌스)

Eco Life(지구 살리기)

Social(사회)

Goal(목표)

Social
(사회)

5부

해결하기 어려운 사회문제 소프트웨어로 뚝딱

2020년부터 인구수의 최정점에 다다른 우리나라는 2021년부터 서서히 인구가 감소하는 국가 되었다. 현재 우리나라가 당면한 과제는 현 상황을 대변하는 것이기도 하다. 가장 심각하고 빠르게 해결해야 할 문제인 저출산 문제와 고령화 및 어르신들의 빈곤화와 같은 문제도 해결해야 한다. 기후변화로 인해 나날이 증가하는 특수한 재난과 재해 상황에도 우리는 대비해야 한다. 환경오염을 비롯해 기후변화까지 겹치면서 자원은 고갈되고 이로 인해 코로나19와 같은 질병의 등장과 사회 곳곳에 안전 불감 등 우리나라만이 아니라 전 세계적으로 퍼져 있는 문제들을 해결하는 것이 국내외 당면과제가 되었다. 이를 해결하고자 하는 기술에 대한 연구도 활발하게 진행 중이다. 4차 산업혁명으로 인해 사회문제 해결을 위해 빅 데이터 등 신기술을 접목한 방식도 많이 등장한다. SW기술을 활용한 사회문제 해결을 위해서는 무엇보다도 법정 제

도가 있어야 가능하다. 산업과 사회는 공진화(Co-Evolution) 즉, 함
께 진화하는 과정을 거친다는 것이다. 정부 역시 이러한 문제점을
잘 알고 있다. 그린뉴딜을 시행하면서 디지털혁신을 위해 디지털
뉴딜도 감행하고 있는 것이 사실이다. 필요로 하는 공공서비스를
저비용 고품질로 제공하기에 주요한 사회문제도 해결하고 산업경
쟁력도 가질 수 있는 사회가 다가왔으면 한다.

이에 대해 소프트웨어로 어려운 사회적 문제 해결에 대한 조언
을 채현서 님을 통해 들어보았다. 채현서 님은 현재 온라인 콘텐
츠 창작자 및 대학생이다. 군대를 다녀와서 현재는 중앙대학교 소
프트웨어학부 휴학생이고, 2022년에 다시 복학을 할 예정이다.
복학 전까지는 하고 싶은 일을 더 하면서 삼성물산 에버랜드에서
일할 예정이다.

그는 소프트웨어를 통해 사회 문제를 해결하는 노력과 그 결
과를 인정받아 대한민국 인재상을 받았다. 소프트웨어 개발과 공
부를 처음 시작하게 된 계기는 고등학교 신입생 때 들어간 삼성전
자 주니어 소프트웨어 아카데미(이하 주소아)라는 동아리였다. 주
소아 동아리는 학생들을 대상으로 소프트웨어 학습을 도와주며,
창의적인 생각과 문제해결 능력을 길러주는 동아리였다.

컴퓨터를 좋아해서 컴퓨터를 더 활용하고 싶어 주소아라는 동
아리에 들어가게 되었는데, 단순히 컴퓨터를 하는 것이 아닌 직

접 프로그램을 만들어보는 활동을 하면서 소프트웨어 개발이 적
성에 맞는 것을 알아냈다. 동아리 활동을 하면서 어떠한 불편이
나 문제를 해결하기 위해 창의적이고 다양한 관점으로 탐구하는
것에 빠졌다. 그것을 해결하려고 노력을 하다 보니 사회와 국가에
유용한 소프트웨어를 개발하거나 발명하고 있다.

　지금도 다양한 사회 문제를 해결하려고 노력한다. 어느 누구나
공평하게 차별 없이 편리하고 안전하게 삶을 살아가도록 만들어
보겠다는 큰 목표가 있다. 그 예시로 고등학교 때는 더욱 안전하
게 누구나 버스를 이용할 수 있는 버스 승하차 예약 시스템인 '저!
타요!' 서비스와 각종 전염병으로부터 안전하게 식당이나 급식을
먹을 수 있게 해주는 '수저 자동분배기' 등을 개발하였다. 대학
생 때는 수소 충전소의 정보를 조금 더 손쉽게 알 수 있는 서비스
인 '수소충전소 알림이' 서비스와 유기견을 찾아주거나, 유기견 입
양 정보를 알려주는 서비스인 '또 하나의 가족'을 개발하였다. 군
복무 중에는 군 장병들의 급식 질 향상과 손쉬운 식단 메뉴 확인
서비스인 '군식당' 서비스를 개발하였다. 지금도 다양한 서비스
를 개발하고 발명한다. 지금까지 개발했고, 앞으로 개발할 서비스
나 발명품은 어떠한 것에 소외를 받는 특정 집단이 해당 서비스
를 이용하면서 더 이상 소외나 차별을 받지 않도록 하는 서비스
를 개발하겠다는 목표를 가지고 개발하고 있다. 해결하고 싶은 사

회문제는 현 시점의 사회 문제가 아닌 앞으로 발생하는 사회 문제를 직접 서비스를 개발하면서 소프트웨어로 사회문제 해결하고 싶은 마음이 있다. 그래서 특별히 장애인 관련 차별, 독거노인의 사회문제 해결 등 분야가 제한적이지 않고 다양한 분야의 사회 문제를 소프트에어를 통해 해결하고 싶다.

어떠한 서비스나 활동을 하려고 하면 대기업이 이미 그 서비스를 하고 있거나, 스타트업의 아이디어를 그대로 가져와서 대기업에서 서비스를 시작하는 경우가 있다. 우리나라는 규제가 너무 강해 다양한 시도를 못해보는 경우도 있다. 최근에는 규제 샌드박스*라는 제도가 생겨 이 부분은 예전보다는 좋아졌으나, 일명 대기업의 횡포는 아직도 그대로라고 생각한다. 그래서 우리나라 정부가 사회적으로 도움이 되는 서비스

*규제 샌드 박스 : 새로운 제품이나 서비스가 출시될 때 일정 기간 동안 기존 규제를 면제, 유예시켜주는 제도

나 유용한 서비스의 경우 많은 투자와 홍보를 해주면서 규제 샌드박스처럼 스타트업이 해당 아이디어를 처음 개발했으면 그것을 보호받을 수 있게 해주면 더욱 다양한 서비스들이 나오면서 각종 사회 문제가 해결될 것 같고, 스타트업도 성장하기 좋은 나라가 되어야 한다고 생각한다. 위의 아이디어 보호는 특허를 내면 되지 않느냐라는 생각을 할 수도 있는데 BM 특허*의 경우 등록이 되는 것도 어렵고, 그 과

* BM 특허 : 정보시스템을 이용하여 고안한 새로운 비즈니스 모델의 특허

정, 시간, 돈이 너무 많이 들어가기도 한다. 그래서 BM 특허를 출원해서 등록하는 그 기간이나 BM 특허를 등록을 못하는 아이디어라도 스타트업이 그 분야에 자리를 잡을 수 있게 일시적으로 보호를 해주면 좋겠다.

소프트웨어로 사회문제를 해결하는 것도 좋으나, 그 문제가 발생하지 않게 원인을 정부에서 좋은 정책으로 미리 예방을 하면 좋을 것 같다는 말씀을 조심스럽게 드리고 싶다. 어떠한 문제를 해결하기 보다는 그 문제를 예방하는 것이 최고의 방법이라고 생각한다.

이번 2021 글로벌 인재포럼에서 강연을 들으면서 지속가능경영 즉, ESG 경영에 대한 개념은 알고 있습니다. ESG는 기업의 비재무적 요소인 환경(Environment), 사회(Social), 지배구조(Governance)의 약자로 기업이 고객 및 주주, 직원에게 얼마를 기여하는가, 환경에 책임을 다하는가, 지배구조는 투명한가를 다각적으로 평가하는 것을 말합니다. ESG 경영은 장기적인 관점에서 지속적인 성장을 추구하고, 사회적 이익에 큰 영향을 주는 것이 최종 목표로 알고 있다.

그는 고등학교를 졸업함과 동시에 소프트웨어 개발과 동영상 크리에이터(유튜버) 등으로 활동하고 있다. 대학교를 졸업하기 전까지 지금 하고 있는 유튜버 활동과 소프트웨어 개발을 계속하고 싶습니다. 더불어 다양한 분야에서 아르바이트도 하면서 다양한 분야의 경험을 더 많이 해보고 싶다. 그래서 에버랜드 캐스트나 연예인 매니지먼트 쪽에서도 일해보고 싶다. 단순히 돈을 벌기 위한 아르바이트가 아닌 이 분야에 필요한 배경지식을 습득하고 나중에 소프트웨어를 개발할 때, 그 배경지식을 활용하여 적합한 소프트웨어를 개발해 보고 싶다. 코로나19가 끝나 해외여행의 제약이 사라지면, 적어도 1년에 1번 이상은 해외여행을 꾸준히 다니고 싶다. 해외를 많이 다녀야 다양한 나라의 문화를 습득할 수 있고, 글로벌한 21세기에 창의적으로 살아남을 수 있다고 생각한다.

급변하는 교육의 패러다임

지역 현안 문제 및 온라인 교육 확대가 가능한 융복합형 교육을 진행했다. 환경교육을 진행하면서 느낀 점은 일방적인 필자의 의견 피력, 단순한 지식의 전달, 기후변화나 환경오염의 문제를 1차적인 문제가 아닌 환경파괴로 인한 기후변화의 가속화와 이로써 발생하는 기후재앙의 피해, 기후난민, 이들로 인해 발생하는 지구촌 시스템의 변화까지 고려하는 실용적인 교육이 필요하다는 것이었다. 필자는 이런 점에서 현재 과학기술문명과 「생태문명의 공존을 위한 생각」과 「지속가능개발 강의」, 「한국형뉴딜과 그린뉴딜」, 「미세먼지와 우리의 마음가짐」, 「지속가능개발을 위한 강원도의 발걸음」, 「산불 및 산사태의 원인 그리고 생태계」, 「미세플라스틱과 이에 대처할 정책 및 적정기술」 등 1차적인 기후변화나 생태학습을 넘어서는 융복합 강의를 기획하고 실현에 옮기고 있다. 환경교육은 또한 광역, 지자체 주민의 니즈를 충족하고,

강의하고자 하는 주제와 지역의 현안이 잘 맞아야 가능하기 때문이다.

교육이 오로지 그 교육의 장으로만 끝나는 것이 아닌 매스컴이나 SNS를 함께 활용한 교육이 대세다. 온라인 교육과 오프라인 교육을 융복합한 "블렌디드"교육에 관심이 많아지는 추세다. 필자는 실제로 진행한 경우가 많다. 포스트 코로나 시대에 접어들면서 언젠가부터 비대면 기술을 활용한 온라인 강의의 요구가 급증했다. 필자 역시 이를 예상했다. 코로나19에 따른 교육 흐름은 변화했다. 대부분은 ZOOM 강의 요청으로 ZOOM으로 진행한 경우가 많았다. 코로나 이전에는 외국계 기업에서 근무했었다. 외국이라는 특수성으로 인해 엔지니어 및 경영자와 업무협조를 할 때는 팀뷰어나 크롬원격 데스크톱으로 활용하였다. 이들을 활용하다 보니 자연스럽게 온라인 협업툴인 비캔버스를 비롯해 온라인에서 세미 워드 작업과 실시간 공유가 가능한 구글 독스나 게임 기반의 카훗을 사용한 교육을 진행한 경우도 있었다. 이외에도 업무용 메신저로 활용하는 카카오워크, 구글에서 강력하게 지원하는 워크스페이스, 마이크로소프트에서 다양하게 활용하는 팀즈 등 다양한 온라인 협업툴을 사용하는 시대가 된 것이다. 현재 각각 사용하기에는 생소한 것들이 많고 이에 대한 교육이 필요하므로 이를 친숙하게 교육하는 역할도 해낸다.

이 외에도 코딩 및 빅 데이터를 활용하여 온오프라인 블렌디드 교육을 실시함으로서 친환경 생태계를 1차원적으로 환경을 보호해야 한다는 메시지만 전달할 뿐만 아니라 환경이 가지고 있는 가치, 자원의 활용, 녹색금융 시스템, 재생에너지의 실질적인 활용 및 직접 확인해보는 발전량, 버려지는 자원에 대한 재활용, 기후위기를 해소할 새로운 아이디어 등에 대해 효과적인 자료수집 및 토론을 통해 환경이 이 시대에 진정으로 필요한 영역이라는 것을 깨닫게 할 수 있다.

오프라인뿐만 아니라 온라인으로 가능한 소통의 창구를 마련했다. 코로나 시대를 함께 이겨내기 위해 오프라인 모임이 어려운 현재 온라인으로도 소통이 가능하다는 것을 증명하고 싶었다. '코로나 헬퍼'라는 청년단체 창단에 힘쓴 적이 있었고, 이를 성공적으로 마무리한 경험이 있다. 코로나로 인해 사각지대에 놓인 분들을 돕고 어려움을 전달하기 위해 전국의 뜻 있는 청년들이 삼삼오오 모여 자발적으로 조직된 단체다. 모집을 시작한지 불과 8일 만에 40명의 청년 인재들이 온라인으로 모였다. 비영리이기에 크게 모인 금전적인 지원은 없었다. 단지 재능기부가 좋아 이 봉사단체 활동을 시작한 것이다.

코로나19 팬데믹이 선언된 2020년 2월 중순이 되자 온 사회가 공황상태에 빠졌다. 활동을 시작하게 된 이들 모두 힘든 상태에 직면하게 되었다. 그렇지만 복지 사각지대에 놓인 취약계층은 지원조차 받지 못한 탓에 더욱 생활고를 겪어야만 했다. 그 어려움을 우리는 외면하지 않았다. 더욱 힘을 낸 우리는 카드뉴스와 영상 콘텐츠로 이 어려운 시국을 해결하고자 노력했다. 그 노력 끝에 우리는 대중에게 어려움을 알리는데 성공했고, 코로나 헬퍼가 선정한 모금기관과 연결, 기부를 연계하는데 박차를 가 할 수 있었다.

코로나 헬퍼는 개발팀, 조사팀, 제작팀, 홍보팀 총 4개 팀으로 구성되었다. 대한민국 인재상 사회복지 모임이 주축이 되었지만, 한국중앙청소년활동진흥원 2030 혁신리더 1기들도 함께 모여 뜻을 펼쳤고, 청년사회활동가의 청년들도 든든한 지원군이 되어 주었다. 복지 분야에서 활발하게 활동한 전문가들과 지인들이 단체에서 힘을 보태어 주었다. 청년들의 주도만으로도 스스로 사회 문제를 발견하고 사회를 위해 자발적으로 나서는 것이 가능하다는 것을 보여주고 싶었다. 코로나 헬퍼가 추진한 프로젝트 중 하나는 텀블러 굿즈 판매 수익금 기부였다. 초반에 목표했던 150개 전량 판매에 성공하기 위해 무던히도 노력했다. 판매 수익금은 위기가정에 긴급생계지원금으로 전달했다. 기부금을 전달하게 된 가정은 일화를 듣고 우리가 자체 평가하여 정하게 되었다. 수혜자의 어머니가 10년째 암 투병 중 재발했다. 수술 실패로 시각을 잃으셨다. 수혜자는 그것을 극복해 보려고 요식업을 시작했지만 코로나19로 실패를 겪어 수입이 없는 지경에 이른 도움이 필요한 가정이었다.

코로나 헬퍼는 이러한 위기 가정을 도움으로써 진정한 봉사활동을 알리고자 했다. 자체적으로 코딩이 가능한 인재가 있어 웹사이트 운영이 가능했다. SNS를 통해 카드뉴스나 유튜브 등을 통해서 취약계층의 어려움을 널리 알릴 수 있었다. 2020년 8월 기준으로 1만 명 이상이 우리의 활동을 지켜보았다. 코로나 헬퍼 운영기간 동안 하루에도 꾸준히 50명 이상이 방문하는 코로나 복지 콘텐츠 플랫폼으로 자리매김했다. 밀폐된 시설 방문을 자제하자는 취지의 챌린지 영상을 제작했다. 제작 이후에 인지도가 생겨 중앙자원봉사센터와 함께 전국구로 우리의 메세지를 진행했다.

이를 통해서 오프라인으로 직접 의사소통하는 것 이외에도 온라인을 활용한 소통으로 코로나와 같은 팬데믹도 지혜롭게 해결하도록 하는 방안을 연구 중이다.

대한민국 복지의 한계와 사각지대

2014년 '송파 세 모녀 사망사건'을 많은 국민들은 기억한다. '송파 세 모녀 사망사건'의 재발을 우려한 사람들의 시각 속에서 '세 모녀 자살 방지법' 등의 후속 조치로 '찾아가는 복지'가 한순간 대세가 되었다. 다수의 처방들이 쏟아지기 시작했다. 관련 사회복지 공무원을 대폭 뽑아 그 수는 증가했다. 동네에서도 직접 관련 정책을 제안하고 지역사회에 보급하여 소급 적용 가능한 '동 지역사회보장협의체'를 신설하기도 했다. 중앙정부 차원에서 장려되고 추진되었다. 지방자치단체는 중앙정부의 명령에 따라 해당 정책들의 활성화를 위해 지자체 별로 광역급 혹은 전국구 대회에서 관련 정책에 대해 발표하고 우수 정책으로 선정될 정도의 우수한 정책들을 연일 쏟아 내어 기사의 헤드라인을 장식하는 수준에 이를 정도였다. 정책 입안에 참가한 관계자들은 이런 형태의 정책과 제도들로 사각지대에 놓인 복지를 조기에 발견하여 가

난하고 위기의 현실에 직면한 사람들도 우리와 함께 잘 살아갈 것
이라는 장밋빛 희망을 설계하곤 했다.

하지만 제2의, 제3의 '세 모녀 사건'을 떠올리게 할 사회적 문제
는 곳곳에서 터져 나왔다. 아무리 세밀하게 설계된 복지 사각지
대 방지를 위한 법안이 나와도 이를 해결하기는 어려웠던 것이다.
그뿐만이 아니다. 빈곤의 문제를 넘어 복지 차별의 문제도 심심
치 않게 터져 나왔다. 장애를 가져 몸이 불편한 이들이 지방에 살
고 있다는 이유만으로 수도권에 비해 대중교통을 이용하는데 불
편한 점이 한두 가지가 아니며 수도권 또한 표면상으로 활용 가능
한 수단마저 활용하는 빈도가 낮거나 시민들의 낯선 시선 속에서
부끄러움을 감출 수 없어 자연스레 타인의 시선을 회피하는 일이
발생하고 있는 것이다.

필자는 이와 관련되어 수많은 정책을 제안했지만, 정책 당국
은 씁쓸한 답을 줄 뿐이었다. 인본주의 사회가 제대로 정착하기에
는 우리가 타인을 생각하고 타인의 아픔을 함께 공감하는 사회적
공감대가 필요하다. 이에 관해 이창희 미디어헬퍼 대표와 함께 더
나은 사회복지에 대해 이야기를 나누었다. 그는 사회복지학을 전
공하고 대면 서비스가 많았던 복지 시스템을 온라인 콘텐츠로 전
환하며 복지 미디어를 통해 지역사회와 소통하는 일을 돕고 싶었
다. 이러한 생각으로 자연스럽게 창업 쪽으로 관심을 가지게 되어

'미디어헬퍼' 소셜벤처를 설립하게 되었다. 미디어헬퍼는 사회복지분야에서 미디어 교육과 복지 콘텐츠를 제작하는 전문 기업이다. 노인, 장애인, 청소년, 사회복지 종사자 등 다양한 계층의 맞춤형 미디어 교육을 진행하고 있다. 또

미디어 헬퍼 이창희 대표

한, 여러 복지관, 협회와 MOU를 체결하여 복지 미디어 관련 사업을 진행하고 있다. 현재는 IT와 접목하여 인터렉티브 콘텐츠 및 애플리케이션 개발에도 관심을 가지고 있다.

코로나로 인해 복지 현장의 대면 서비스가 어려움을 겪었고, 복지 미디어를 활용한 비대면 서비스의 활성화가 복지 현장에도 필요하겠다는 생각이 들었다. 이러한 어려움을 돕고 싶은 마음에 졸업 후인 2020년에 창업을 선택하게 되었다. 이렇게 시작한 미디어헬퍼는 디지털 활용이 어려운 소외계층을 위한 미디어 활용 교육을 100여 차례 넘게 진행을 해왔다. 비대면으로도 우리 지역 사회와 소통할 수 있는 방법들을 고민하고, 함께 더불어 살아가

는 사회를 만들어가자는 비전을 가지고 있는 소셜벤처다.

아직도 우리 사회 곳곳에는 복지 사각지대에 놓인 취약계층이 많다고 생각한다. 코로나19 확산으로 복지 사각지대에 놓인 지역 주민들은 증가하고 있지만 취약계층을 추정할 수 있는 정확한 통계 자료가 없다는 점을 말씀드리고 싶다. 인적·물리적 한계로 인해 복지사각지대 신규발굴에 어려움을 겪고 있다. 위기 상황에 놓인 분들을 발굴할 수 있는 방법으로 IT와 미디어를 접목한다면 더욱 많은 취약계층을 발굴할 수 있으리라 기대한다. 그렇게 발굴된 분들이 자립할 힘을 키워나갈 수 있도록 생활안정지원, 민관협력을 통한 보호·돌봄 강화 등 맞춤형 복지서비스 제공이 필요할 것 같다.

노인복지관에 영상 제작 강의를 진행하던 날이었다. 한 어르신께서 "지금 배우지만 시간이 지나면 다 까먹어서 힘들다."라는 말씀을 하셨다. 온라인으로도 반복 학습이 될 수 있으면 좋겠다는 생각이 문득 들었다. 실버를 위한 맞춤형 디지털 교육이 온라인으로도 이뤄지면 코로나 상황에서 배울 수 있다는 장점도 있었다. 그래서 '장수비디오학당' 온라인 미디어 교육 애플리케이션을 개발하였고 곧 출시를 준비하고 있다. 무료로 제공되는 '장수비디오학당' 앱은 실버 유튜버되는 방법, 영상 제작, 스마트폰 활용 교육을 제공한다. 또한, OX 퀴즈를 활용해 문제를 풀면서 쉽게 배울 수 있도록 돕는다. 이번 앱을 통해 디지털 취약계층에게 도움이 되기를 바라는 마음이다.

지금까지 여러 사회공헌 활동을 하면서 자연스럽게 우리 사회의 취약계층을 만나게 되었다. 사회적 약자 및 소외·취약계층도 앞으로 함께 나아가야 될 우리의 이웃이다. 이들이 자립할 수 있도록 더 많은 제도와 정책적인 지원이 생겨나면 좋겠다. 그리고 후배들에게는 우리 지역사회를 위한 멋진 꿈을 가지고, 자신의 한계를 스스로 정하지 말고 무한한 가능성을 지니며 꿈을 펼쳐 나가라고 전하고 싶다.

ESG는 환경과 사회에 초래하는 불이익을 줄이며 기업의 지속 가능한 경영을 확보하는데 목적을 두고 있는 것으로 알고 있다. ESG 활동이 보여주기 식이 아닌 가치 실현을 위한 현실적인 움직임으로 이어져야 된다고 생각한다. 그리고 개개인도 생활 속에서 기후환경을 위한 실천을 이어나가는 것이 중요한 것 같다. 이전에 기후위기 극복을 위한 청소년 그린(GREEN) 크리에이터 양성교육 과정을 진행했던 적이 있다. 그때 참여한 청소년이 "그린 크리에이터는 우리 지구의 미래와 소통하는 사람"이라고 했던 말이 생각난다. 이처럼 환경을 걱정하는 인플루언서, 기업이 많아져서 기후변화에 대해 적극적으로 소통하고 참여하기를 기대하는 마음이다. 친환경 활동은 지속 성장을 위한 선택이 아닌 필수라는 생각에 동참할 수 있도록 노력하겠다.

향후 온라인 사회복지 콘텐츠 플랫폼을 구축하는 것이 목표다. 복지 현장의 시스템을 온라인 콘텐츠로 구축하고 싶은 목표를 가지고 공부하고 있는 분야는 웹 3.0과 메타버스다. 웹 2.0은 개인이 정보를 만들고 공유하는 연결을 강조했다면 웹 3.0은 개인의 욕구에 맞춰서 상황을 인식하는 지능화 시스템이 핵심이다. 이러한 웹 3.0과 가상현실 공간을 사회복지 분야에 접목한다면 새로운 비즈니스 모델이 나오지 않을까 기대하고 있다. IT기술을 접목해야 하기에 쉬운 길은 아니지만 계속 고민해야 된다는 생각을 가지고 있다.

지역을 살리는 해법 SNS로 찾아보자

2021년 8월 6일 오후 2시에서 3시 사이에 강원도청 본관 2층 통상 상담실에서 최문순 강원도지사님과 SNS 문화진흥원 이창민 이사장님과 함께 디지털 혁신 및 SNS 인프라 확장을 통한 지역경제 활성화에 대한 면담을 진행했다. 강원도는 산악지형이 많은 지리적 특성으로 도로를 비롯한 인프라 확장에 어려움이 많다. 산 속에 계신 어르신이나 어릴 적부터 시골에서 생활하신 청장년층, 앞으로 점점 더 심각해져 가는 지방 소멸 문제 등 강원도에는 해결해야 하는 일이 많다. 이에 다음과 같은 건의를 드렸다.

① 소상공인 지역경제 활성화를 위해서 라이브 전자상거래 (E-Commerce)를 비롯해 원주 미로 시장에 실험적으로 적용한 메이즈 좀비런과 같은 생활형 SNS 문화 정착이 필요하다.

② 4차 산업혁명 시대에 메타버스를 통한 새로운 영역을 확대하고

강원도 SNS 활성화 방안으로 강원도 최문순 도지사님과 면담

매트릭스 시대에 가상공간의 활용에 대비해 미리 관련 인력을 육
성하고 교육활성화로 디지털사회에 적응하도록 한다.

③ 지역 활성화를 위한 지자체나 광역자치 차원의 소통과 노력이 있
다는 것을 잘 알고 있다. 하지만 어떤 정책이 어디에서 언제, 어떤
방식으로 진행되는지 잘 알지 못한다. 이에 대한 정보를 따로 모아
알기 쉽도록 종합 플랫폼을 구축하고 청년이나 어르신들께서 자
유롭게 활용가능한 공간이 필요하다고 생각한다.

④ 빠르게 따라와야만 하는 패스트 팔로워에서 먼저 진취적으로 무
언가를 이끄는 패스트 무버가 되어 정보보호 및 활용방식에 대해
실질적으로 가시화할 기관이 필요하다.

⑤ CMS 즉, 컨텐츠 매니지먼트 서비스로 다양한 지역 상품의 다각화
가 필요하다.

⑥ 강원도는 산악지형이 많은 지역특성상 교통 인프라가 부족하다.
무리한 인프라 확장보다 온라인으로 활용 가능한 디지털 소통으
로 전환하여 도민들과 소통도 하고 SNS로 가능한 거래로 물류 유
통비용을 최대한 아껴 지역경제 활성화에 도움이 되도록 한다.

⑦ 도로 등의 인프라 확장으로 생태계가 파괴 될 수 있다. 이때 SNS
로 온라인 인프라를 구축하면 생태계는 보존하여 보전 가능하다.
탄소저감의 정부의 기조에도 대처 가능하다. 유틸리티 전력 시스
템을 통해 행여 발생 할 수 있는 광역 블랙아웃 사태에 대비를 하
고, 효율적인 데이터 센터 유치로 ESS를 비롯한 스마트그리드*를
멀리 떨어져 있는 지역에 활용 가능하 | *전력 공급자와 소비자가 실시간
도록 한다. | 정보를 교환함으로써 에너지 효
 | 율을 최적화하는 차세대 지능형
⑧ 지역 소멸로 지역을 떠나는 젊은 층과 | 전력망
는 공감대 형성이 필요하다. 강원도 디지털 분야 확충이 필요하고
새로운 SNS 분야를 선도할 인플루언서를 육성하는 혁신 사업 추
진 필요하다.

⑨ 강원도 내 강원랜드의 존립 문제를 해결하기 위해서는 디지털 전
환과 더불어 SNS 관련 창업이 필요하다. 이것으로 창직을 진행하
면 강원랜드를 통한 지역경제 활성화가 가능하다. 또한 향후 강원

도의 미래 신사업 유치 또한 가능하다.

　강원도 내 청년들의 이촌 현상으로 지역의 미래가 불투명하다다. 패스트 팔로워가 아닌 퍼스트 무버가 되어야 강원도가 주도하는 새로운 혁신 시스템을 창조할 수 있고, 이를 통해 강원도의 성장 동력을 재창출 할 수 있다. 강원도는 과거 60~70년대 탄광촌을 바탕으로 성장할 수 있었지만, 지금은 탈 석탄 정책으로 강원도민 모두는 실의에 빠져 있다. 이러한 어려움을 극복해 나가기 위해서는 디지털 혁신이 살 길이다.

　2022년 대선과 총선으로 바쁘신 이때에 귀하신 시간을 내주셔서 친히 면담을 받아주시고, 적극적인 후원과 지원을 약속해주신 최문순 강원도지사님께 이 책을 통해 진심으로 감사드린다.

　SNS는 단순한 사업 창출의 통로를 초월했다. 물리적으로 먼 거리에 대한 차이를 좁혀 주는 진정한 소통의 창구로 활용하고 있고, 지금도 활발하지만 앞으로는 생존의 문제에 있어 사용되는 빈도수가 더욱 높아질 차세대 도구다. SNS가 활성화되기 전이었다면 개인적인 일에서 끝나거나 묻혔을 사회적 문제가 SNS를 통해 빠르게 번져 전 국민의 이목이 집중되어 사건이 이슈화되는 것을 자주 목격한다. 디지털 글로벌 스튜디오에서 강원도의 유명 유튜버이자 먹방 유튜버로 유명한 산적TV 밥굽남 오진균씨의 재능

기부를 보았다. 라이브커머스를 통해 청년농업인이 생산한 감자 1,000박스를 완판된 것이다. 그런데 판매 수익금 전액을 기부하는 것을 보고 적잖은 감동을 받았다. 이웃사랑 나눔 실천에 앞장서는 SNS의 모습을 보게 되었다. 사회공헌과 지역사회 발전에 기여하는 선한 창구로써 SNS의 선한 영향력을 확인 할 수 있었다. 이처럼 SNS는 선한 영향력을 펼치고 사회전반을 긍정적인 방향으로 이끌어 나갈 수 있음을 우리는 확인했다.

강원도는 현재 청년들의 이촌 현상으로 성장 동력에 대한 설계를 다시 해야 할 정도로 지역의 미래가 불투명한 것은 사실이다. 패스트 팔로워가 아닌 퍼스트 무버가 되어야 한다. 강원도가 주도하는 새로운 혁신 시스템을 만들어야 한다. 이로써 강원도의 성장 동력을 발굴하여 재창출 할 수 있다. 강원도민을 비롯해 전국의 기업들은 공공의 목표를 위한 SNS 문화를 만들어 활성화해야 한다. 그리한다면 디지털 혁명이 이루어 질 수 있다. 디지털 혁명으로 메타버스를 포함한 온라인 생활권이 형성되면 청년 및 어르신 일자리 문제가 해소된다. 일자리 문제가 해소되면 자연스럽게 지역경제도 활성화 될 수 있다.

SNS 문화로 디지털 민주주의의 가치가 다시 재정립된다. 디지털 이코노믹으로 더 많은 경제적 혜택을 누리게 된다. 디지털 거버넌스로 새로운 디지털 경영방침이 생긴다. 이들을 통해 사회 전반의 경제발전과 공익 실현을 가능하게 하는데 목표를 둔 기관인 SNS문화진흥원도 2020년 설립됐다. SNS 문화와 연관된 시장과 산업을 끊임없이 마케팅해야 한다. 관련 조례로부터 시작해 법과 제도를 연구하여 정책화할 수 있도록 해야 한다. 기업 에이전트와 연계해 브랜드를 마케팅하는 연구가 필요하게 되면 관련 전문 인력 양성이 가능하다. 이렇게 양성된 인재들로 관련법에 관한 인증을 하여 SNS 관련 종사자를 보호하고 지원하면서 산학협력 등을 해나갈 계획을 가지고 있다. SNS 문화 관련하여 정부와 기업과 단체가 SNS 문화라는 하나의 가치아래 기관과 교류하고 컨소시엄을 맺는 등의 다양한 활동도 가능하다. 지금 우리는 지방 소멸의 위험으로 실의에 빠져있는 지역사회의 어려움을 극복하기 위해서는 디지털 혁신이 필수다. SNS가 가진 선한 영향력 확산을 위해 전국 지역사회의 관심과 참여가 절실하다.

미래세대들이 겪고 있는 산업재해

꿈을 갖고 올바르고 건전한 생각과 무엇이든 할 수 있을 것 이라는 젊음이라는 시절은 어쩌면 단 한 번의 일로 저주로 돌아 올 수도 있을 것이다. 어떤 일이든 열심히 해서 그 자리에서 정말 필요한 사람이 되겠노라고 다짐했던 한 청년이 일화를 담았다. 2020년 2월 경 거대한 규모의 공사 현장에서 당시 30살이던 김 00씨는 작업장에서 아찔한 사고를 당했다. 그는 공사 현장 안전 을 관리 감독하던 도중 평상시 안전하다고 확인받은 길을 걷다가 갑자기 무너져 발목과 다리 일부가 부러지는 큰 사고를 당했다.

그의 말에 따르면 해당 현장 관리자가 구급차를 부를 생각은 하지 않았다고 했다. 그저 자신의 차를 타고 사무실로 가서 확인 해보자는 것이었다. 황당하고 온몸은 박살날 듯 고통이 온몸을 휘감았지만, 청년이라는 이유로, 젊다는 이유로 별 다른 조치도 없어 그저 눈물만 삼켜야 만 했다. 그랬다. 발주사가 아닌 협력업

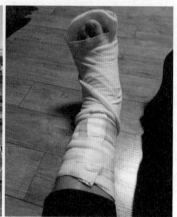

산업현장은 늘 조심해야 한다.　　산업재해로 인해 전치 6개월의 부상을
　　　　　　　　　　　　　　　　입었다.

체로, 그것도 간부가 아닌 이상 청년들은 대개 이러한 일에 속수
무책으로 윗사람의 지시에 따라야만 했었다. 허벅지 전체가 쓸려
걷기가 불편하고 당장 수술을 받아야 했지만 안전 관리자는 자신
의 차를 직접 몰고 사무실로 가면서 김씨에게 이렇게 말했다. '일
하다 다치게 되면 산재(산업재해보상보험) 처리를 하게 될 것이다.
그렇게 되면 회사가 '사고다발'회사로 낙인찍힌다. 발주사뿐만 아
니라 정부부처에서도 안전관리 미숙으로 압박이 들어온다. 그렇
게 되면 다음 사업 때 다른 기업에 비해 밀리게 되어 수의 계약
수준의 입찰조차 못 따게 되면 회사가 결국 부도 상황까지 간다.

대다수는 공상으로 가자고, 회사도 좋고 본인도 좋다. 일단 본사에서는 공상 처리를 유도할 것이다. 사무실로 가서 노조 위원장이나 다른 분들이 공상 처리하자고 하면 공상처리로 일부 휴가도 받고 돈도 받으니까 그렇게 하자는 말도 안 되는 종용을 강요했다.

공짜는 없다. 결국엔 일시적으로 공상으로 돈을 받게 된다면 회사는 후에 이것을 빌미로 공금 횡령죄까지 몰아버리는 무시무시한 징벌을 내릴 수도 있다. 김씨는 이미 다른 업종의 일에서 근무를 하다가 회사 동료의 말도 안 되는 업무에 지쳐 계단에서 굴러 떨어져 산업재해를 받은 사실이 있었다고 한다. 그래서 회사의 비밀스런 처리 과정과 후의 처리 과정에 대해서 잘 알고 있는 것이라고 한다. 그렇다면 벌써 큰 사고만 2번 이상을 겪어 산업 재해 1차를 겪었던 기업과 2차를 겪게 된 기업에서는 김씨에 대해 어떻게 대했는지에 대해 물어 보았다. 김씨는 1차를 겪었든 2차를 겪었든, 같은 회사건 다른 회사건 당한 사람에 대해서는 회사에서는 그 사람을 사실상 나갈 사람으로 해두고 이미 새로운 사람을 뽑는다고 했다. 여러 가지 이유가 있겠지만 우선 회사 입장에서는 회사에 손실을 끼치고 법적으로 문제 있는 회사로 만들어버렸으며, 향후 사업에서도 불리하게 만든 존재라는 것이 가장 컸다. 1차보다 2차 사건이 더 컸었는데 2차 사건을 회상하며 다시 말을 이어 나갔다. 사무실로 가자 동시에 본사 사무실에서 전화가 걸려왔다. 이사에게서 전화가 걸려왔다고 한다. 김 씨에게 "산재 처리 말고 다른 방향을 고려했으면 한다. 우리 회사에서 챙겨 줄 수 있는 만큼 최대한으로 해주겠다"며 "설상가상으로 해당 사건으로 후유증이 생긴다면 회사가 휴식도 주고 휴가비도 적극 처리해주겠다"고 말했다고 한다.

김 씨는 거절했다. 김씨는 2차 사건이 발생하기 전 1차 사건을 당한 2019년만 하더라도 사고가 나면 회사와의 원만한 합의를 위해 어쩔 수 없이 공상 처리를 하는 것을 고려해 보았었다고 한다. 산재 처리는 절차가 까다롭다. 인정받기도 쉽지 않다. 회사가 돈을 주고 적당한 선에서 합의를 보는 공상 처리가 더 편할 수도 있겠다. 하지만 김 씨의 지인이 비슷한 사건을 당하면서 공상 처리를 받고 편리해 보였으나 회사가 통폐합하면서 더 이상 보상받을 수 없게 된 지경에 이르면서 김씨에게 꼭 보험으로 확실히 보장받을 수 있는 산업재해가 돈도 더 많이 받고 치료도 끝까지 할 수 있다는 것을 알려주어 결국 산업재해를 신청하게 되었다고 한다. 사고를 당한 날 김씨는 바로 산업재해를 신청했다. 회사뿐만 아니라 현장의 발주업체마저도 사고의 경위와 안전 펜스 미비로 인한 사고가 명백해 빠르게 승인받을 수 있게 되었다.

문제는 그 이후였다. 산업재해를 통해 병원에서 긴급하게 수술

도 받고 쉬어야 하는데, 그 사이에 회사에서는 이런 저런 전화로
휴식을 방해했었다는 것이다. 뿐만 아니라 1차 사고를 당했을 때
에는 하늘이 무너지는 수준의 굉음을 내며 해당 회사 이사가 아
파서 누워 있는 환자를 향해 사기꾼이라느니 쓰레기라느니 등등
의 온갖 욕설을 하면서 의사와 간호사에게도 이 환자는 나일롱
환자다. 만약 조금이라도 건강해 보이면 바로 전화를 부탁드린다
며 산업재해 담당기관인 근로복지 공단으로도 전화를 해서 온갖
협박이란 협박을 했다고 한다. 사고를 당하게 만든 기업의 경영진
이 사고를 당한 산업 피해자와 그 주변까지 협박을 했다고 하니
얼마나 무서웠을지 하는 생각이 들었다. 2차 사고를 당해 재차 산
업재해로 병원에 입원했을 때도 사정은 달라지지 않았다고 한다.
다만 2차 사고를 당한 기업에서는 물밑 작업으로 이미 사고를 당
한 직원에 대한 자리는 사고를 당한 날부터 사실상 근무를 못하
는 상태로 처리했다고 한다.

　그도 그럴 듯이 작업 중 사고가 발생한다면 그 기업은 산업재
해로 처리된다고 한다. 그렇게 되면 산업안전사고가 발생한 기업
은 유·무형의 부담으로 경영이 어려워진다고 한다. 사고가 큰 경
우에는 경영진이나 고용주 또는 안전 관리자가 우선적으로 징역
을 살 수도 있는 것이다. 산재보험료 또한 사업주가 부담해야 하
는 몫이다. 100% 부담하게 되는데, 빈도수, 사람 수, 산재 처리의

수에 따라 보험료는 그칠 줄 모르고 고공 상승한다고 한다. 대기업이나 공기업 그리고 공공기관을 발주사로 두고서 지속적 거래로 경영을 하는 협력업체는 그 피해가 상당하다. 사고다발업체로 확정 받게 되면 발주사와의 재계약 여부는 사실상 물 건너갔다고 봤다고 해도 과언이 아니다. 그러한 지경까지 가는 것을 막기 위해 공상 처리를 비롯한 각 기업들의 무서운 심리 전쟁이 벌어진다.

그중 하나가 '무재해 포상제도'로서 우리는 안전한 회사로 과포장하는 작업이다. 일정 기간 재해가 발생하지 않으면 이에 대한 포상을 하는 것이다. 사실 이 제도는 무재해를 권장하는 선한 의미의 제도라기보다는 대외에 과시하여 어떻게든 산업재해가 일어나지 않는다는 것을 포장하기 위한 제도로 변질되어 버린 지 오래라는 것이 관련 업계 종사자들의 의견이다.

그래서 필자는 기업의 경영진과 노동자 사이의 관계를 소원하게 하는 산업재해를 줄이고자 하는 마음에 'AI를 활용한 산업재해 저감 방안'에 대한 아이디어를 제안했었다. 산업재해가 빈번하게 일어나는 건설업, 조선업 등의 산업현장에서 그간의 데이터를 모아 산업 재해가 일어날 만한 경우의 수와 이를 예방하기 위한 전 방위 지원 시스템을 고려해 본 정책 아이디어였다. 결론은 큰 반응은 얻지 못했지만 다른 이들이 필자의 생각을 이어 받아 더

나은 정책 아이디어로 다시 태어나도록 한다면 우리나라의 산업
현장에서 일하는 노동자들의 안전에 대한 신뢰는 향상될 것이다.
그리고 더 이상 산업현장의 안일한 대응으로 인해 안타까운 생명
이 사라지는 일 또한 줄어들 것이다.

장애, 편견이 아닌 일상

'의술은 몸의 병을 치유하고, 봉사는 마음의 병을 치유해주는 행위다' 21년째 시민자원봉사자로 활동하면서 세운 신념이다. 이 신념을 확고히 하기 전 봉사자는 자신의 전문성을 가지고 하면 된다는 생각이었다. 봉사를 시작했던 초등학생 때와 지금의 나와는 다소 거리가 있었다.

사회공헌자의 길을 걷기 위해 준비할 무렵 필자 마음속에 반드시 해결해야 할 과제는 무엇인가를 늘 고민했다. 동강 살리기 운동으로 동강 댐 백지화라는 결과물을 만들어 냈다. 물론 필자 혼자 해낸 것은 아니지만 역사적인 순간에 함께 있었다는 것은 평생의 자부심이다. 이때부터 본격적으로 환경 봉사를 시작했다. 기후위기 대책, 초중고 학생들을 위한 악기연주, 합주 재능교육기부, 환경교육, 환경정화봉사, 환경정책아이디어 제안, 전기안전 교육봉사, 6.25 및 베트남 참전용사 어르신을 위한 생필품 기부, 신재

장애 학생 인권 신장을 위한 음악 봉사

생 에너지 재능교육기부, 전기기술을 활용한 집안의 감전요소 체
크 봉사, 우리고장 살리기를 위한 도시정화활동, 공원, 국립공원,
해안 오염 방지를 위한 환경정화 실천, 2019년 4월 강원산불 피해
도민대민봉사, 같은 해 9~10월 강원도 및 경기도 태풍 대민 봉사,
2020년, 2021년에는 코로나를 극복하자는 마음으로 '코로나 헬
퍼'를 설립하고 청년 위주로 코로나로 어려워진 이웃들을 찾아가
굿즈 상품 판매로 얻은 수익금 전액을 기부함으로 따뜻한 한 해
를 맞이했다. 얼마나 했을지 모르는 사회공헌활동으로 바쁜 나날
이었다. 이 와중에 한 일화가 있었다.

2015년 가을, 장애인 리코더 앙상블에 참여했다. 처음엔 '장애인 리코더 앙상블' 참여를 망설였다. 일방통행적인 활동이 될 것 같은 느낌 때문이었다. 그 시기에는 매우 위험한 이해관계가 맞물려 있었다. 특수 장애 학생을 위한 동해특수학교 설립을 두고 선정된 부지 사람들은 부동산 가격의 하락을 우려하여 동해시 당국과 잦은 마찰을 빚었다. 이러한 상황을 타개하고자 주민들과 선정 부지 주민들과 특수 장애 학생들의 화합의 장이 필요하다는 의견이 있었다. 이에 시장님 앞에서 조용히 제안한 건이 장애인과 함께 하는 리코더 연주회였다. 장애 청소년들에게 리코더라는 악기를 지도하는 형식의 프로그램이었다. 나의 생각은 매우 짧았다. 음악에 대한 센스, 악기의 소리로 느끼는 감정적인 기분을 이끌어내는 데에 상상을 초월하는 시간과 노력을 들여야 했다.

어려운 상황을 타개하고 화합의 장으로 만들어야 한다는 기대 속에 연습은 진행됐다. 음악회를 위한 준비를 연습장에 스케치했다. 계획을 차례로 진행했다. 예상과는 달리 출발부터 쉽지 않았다. 그들은 자유로운 영혼, 활기찬 학생들이었기에 집중이 어려웠다. 잠시 집중시키면 다시 분산되곤 했다. 아이들을 가르치던 노하우가 있었다. 그것이 특수한 상황이던 아니건 자신은 있었다. 너무 강하게, 너무 약하게 나서도 안 된다. 뭐라고 나무라지 않았다. 차분해 질 때까지 기다렸다. 한참 후 안정을 찾았다. 안정을 찾은 뒤 다음 장을 진행했다.

음표가 머릿속에 마구 그려 질 정도로 연습을 진행했다. 진행 중, 한 아이가 나에게 왔다. 필자 옆에 포근히 앉았다. 무슨 일인지 말하지 않아도 알 수 있었다. 이내 아이들이 무엇을 원할까? 교감을 하다 보면 눈빛만 보아도 알 수 있었다. 처음엔 반응을 해주었다. 이내 필요 이상의 반응이 필요 없어질 때가 온다. 그때가 되면 반응 해주지 않아도 된다. 옆에서 대면하고 공감하다 보면 그들은 서서히 마음의 빗장을 열어 주었다.

어디선가 한 아이의 울음소리를 목격했다. ADHD를 가진 한 학생은 활동에 있어 집중이 힘들고, 자신의 뜻과 다르면 언제든 늑대가 내는 하울링과 비슷한 소리를 내며 전쟁터로 만든다. ADHD는 주의력 결핍 과잉행동장애라고 하며, 산만함, 과잉행동, 충동성이라는 특징을 보이는 질환이다. 이는 12세 이전 발병하고 만성 경과를 보인다. 여러 기능 영역에 지장을 초래한다. ADHD 질환 환자 중 도덕적인 자제력 부족이나 반항심, 이기심으로 오해받는 경우가 종종 있다. 이로 괴로워하는 이들이 많다. 어둠이 짙게 깔린 학생은 누구에게도 쉬이 가려 하지 않았다. 이전에도 비슷한 학생을 경험했다. 나로서는 아이의 말을 듣는 게 우선이었다. 그 아이는 유아 시절부터 부모님의 사랑을 제대로 받지 못했다. 그 아이의 아버지는 일을 하고 나면 술과 난폭함이 일상이었다. 이것이

남자라는 허풍으로 가득했다. 자신보다 늘 성적이 좋은 형과 비교 대상이었다. 당연하게도 아버지의 거울이었던 그 아이는 거울에 비친 모습으로 그의 아버지로 바뀌어 버렸다. 유심히 관찰하는 것이 해답이었다. 끝이 보이지 않았다. 그 아이의 늑대를 닮은 야생적 성향도 적응해가다 보면 순한 양으로 변화했다. 다행이었다.

빠른 박자에 적응하지 못해 박자를 놓치는 경우가 빈번했다. 리코더를 불지 못하는 경우도, 배우는 속도도 달랐다. 나는 학생들의 손을 일일이 잡았다. 리듬을 맞추고, 같은 동작을 함께 연습했다. 이해 속도가 더디거나 몸이 마음을 따라 주지 못해도 좋았다. 함께 한다는 것만으로도 좋았다. 이윽고 하나의 소리로 리코더 소리가 어우러져 하모니를 만들어 냈다. 함께 채워가면서 학생들에게는 즐거움으로 다가가기 시작한 모양이었다. 그들은 그렇게 사회의 일원으로 바뀌어나갔다.

공연이 가능할 정도로 실력이 일취월장 했다. 동해시 장애인 요양원의 '찾아가는 문화 활동-장애인과 함께하는 나눔 음악회' 참석해 연습의 결실을 보여주었다. 이에 동해 문화예술의 전당에서도 공연을 마치고 나니 성공적인 음악회라는 소식을 들은 시장님은 전화로 칭찬을 해주었다. 우리들의 눈망울엔 고생과 보람으로 가득한 순수함의 이슬이 맺혔다. 아이들의 순수한 이슬빛을 보니 절로 아빠 미소가 지어졌다. '아는 만큼 보인다'라고 믿었다.

이번 일을 토대로 '경험한 만큼 알 수 있다'와 '아는 것을 해낼 줄 알아야 제대로 보인다'로 바뀌게 되었다. 이 일로 장애인에 대한 인식, 편견에 갇혀 있었던 것을 많은 이들과 공감하며 그들에게 다가갈 수 있던 하나의 기회였다. 장애인 리코더 앙상블을 이끌면서 인생의 많은 부분을 공부할 수 있었다.

우리는 살아온 배경도 나이도 신체적으로 보이는 것은 다르다. 장애인 리코더 앙상블을 통해 '함께' 할 수 있는 내면의 모습을 볼 수 있었다. 서도 다르지만, 결국 하모니를 만들어 냈다. 음악회를 마치고 마무리하는 날, 우리는 서로에게 감사의 편지를 썼다. 필자에게 사랑이 가득 담긴 알록달록한 종이가 전해졌다. 서로 다름을 인정하며, 몇 달간 함께 했던 추억과 순수함이 담겨 있었다. 아이들이 사회에서 받았을 차별과 다름을 인정받지 못해 생긴 아픈 병에서 치유가 되어 가는 과정이었다. 기쁜 순간이었다.

섬김을 알아가는 초년생이 되는 것이다. 봉사 하나로 봉사의 기쁨을 알아야 한다. 다른 이들이 봉사를 함께 하자는 말을 건넬 수 있을 정도로 성공적인 봉사를 해내야 한다. 그래야 필자와 필자가 섬기는 이들이 함께 소통하며 성장해 나간다. 주기만 하는 봉사는 봉사가 아니다. 받기만 하는 봉사도 봉사가 아니다. 주던 받든 간에 봉사의 주체로서의 봉사자가 되어야 한다. 그러면 진정한 봉사가 된다. 이것이 바로 진정한 의미의 사회공헌이라고 할 수 있다.

봉사하면서 아픈 이들을 치유해보고자 노력했다. 장애인과 동행하며 느낀 점은 아직 사회가 이들을 받아들이려는 모습이 부족함을 느꼈다. 일례로 기차역이나 지역의 작은 공항, 시외버스터미널 등에서 기차나 비행기, 버스에 타야 할 때 휠체어를 사용하는 장애인들을 위한 전용 리프트가 없었다. 이에 해당 운송수단에 근무하는 분들을 불러놓고 간단하게 장애인들을 위한 리프트를 좀 놓아달라고 했지만, 사람들이 많이 이동하지 않는 데다가 경영 악화로 전용 리프트는커녕 안내하는 안내원을 두는 것도 어렵다는 대답을 들었다. 이에 필자는 보건복지부에 인권센터나 장애인센터에 장애인을 위한 간이 리프트를 장애인이나 장애인 안내자가 미리 신청하면 함께 동행하여 장애인이 안전하게 운송수단을 이용할 수 있는 방안을 제안하였다. 이에 보건복지부도 긍정적으로 받아들였다. 이뿐만이 아니다. 외국에서 온 한 친구는 한국에는 장애인이 없는 것이 아닌데 왜 거리에서 장애인을 볼 수 없냐고 질문을 받았다. 이 질문 자체만으로도 아직 이 사회가 장애인을 불편해하고 장애인도 비장애인을 불편해한다는 것을 알 수 있었다. 불편함 때문에 아파하는 이들이 봉사로 행복해지는 모습을 지켜보면서 미래에 이들이 더 많은 사람에게 나눔을 실천해 볼 모습이 떠오른다.

소셜 스퀘어

이번 소셜 스퀘어에서는 동해시 장애인 학부모회의 최보영 대표님을 소개합니다. 장애우와 함께 사는 부모님의 마음과 주변 시선에 대한 의견을 나누어 보았습니다.

Q1. 최보영 회장님에 대한 소개와 그간 동해시 특수학교설립을 이끌어 내기까지의 여정에 대해서 말씀을 해주시면 감사드리겠습니다.

저는 강원도 동해시에 거주하고 있으며 현재 18살이 된 최기쁨 학생(뇌 병변 1급)의 엄마입니다. 2017년 9월부터 지금까지 동해시 장애인 학부모회 대표를 맡고 있습니다. 제가 이 대표직을 맡게 된 이유는 2017년 5월 동해시 교육도서관에서 열리는 특수학교 설명회 (2차)를 가보고 그곳에서 큰 충격을 받고 돌아온 후입니다. 당시 2차 설명회는 이루어지지 않았습니다. 반대 주민분들께서는 주민등록상 부곡동 거주지가 아닌 사람들은 다 나가라는 말씀을 하늘이 떠나가도록 크게 하시며 우리의 마음을 더욱 아프게 하셨습니다.

강대상에서는 음악을 크게 틀어놓고 "저 푸른 초원 위에"라는 노래를 마이크를 부여잡으시고 반대하는 분들과 함께 무서울 정도로 저희를 노려보시며 온 동네가 떠나가도록 부르셨습니다. 또한, 한쪽 강대상에는 대자로 드러누워 계신 분들이 여럿 계셨었습니다. 이러한 2차 설명회의 모습에서 충격을 받고 돌아온 후, 3차 설명회가 열린 9월 교육도서관에서 여러 학부모님을 만나게 되었고, 우리 부모들이 할 수 있는 것은 아이들을 위해 할 수 있는 일을 하자는 같은 뜻을 모아 현재의 동해시 장애인 학부모회를 설립하게 되어 지금까지 진행 중으로 있습니다.

Q2. 최보영 회장님께서는 동해시 특수학교 설립을 위해 어려운 길을 걸으셨는데요. 어떤 계기로 장애 학생들에 관한 관심을 갖고 활동하셨는지요?

위에서 말씀드린 것처럼 저에게는 뇌 병변 1급의 장애 딸아이가 있습니다. 뇌 수두증이라는 병명으로 생후 6개월에 1차 수술을 하였고, 4살 때 2차, 8살 때 3차 수술을 하였고, 현재까지도 이 아이의 몸에는 남들에게 없는 기계가 머릿속에 자리 잡고 있습니다. 제가 우리 아이로 힘들고 어려울 때 많은 분이 기쁨이를 위하여 기도하여 주셨고 또한, 저에게도 많은 도움을 주셨기에 그 받은 감사함

과 사랑을 저 또한 나누며 살아가라는 사명으로 받아들이게 되어
서 이같이 이 일을 지금까지 하게 된 원동력이 되지 않았나 생각합
니다. 학교는 아이들의 교육을 위한 곳이고, 아이들이 당연히 누려
야 할 것들인데 어른들의 욕심과 어른들의 잘못된 인식으로 인하
여 아이들에게 상처를 준다는 것이 아이들에게 창피하였고 또한
너무 미안하였기에, 이 일을 누군가 해야 한다면 그 누군가가 내가
되어야겠다는 마음으로 시작을 하였습니다. 반대시위가 한창일 때
작은 아이를 태우고 시위 현장을 지나간 적이 있는데 당시 3학년이
었던 작은 아이의 말에 무어라 대답을 못 해준 적이 있습니다. "엄
마, 장애가 무엇인데 저렇게 어른들이 학교 들어오지 말라고 욕하
고 싸워야만 하는 건가요? 우리 반에는 생각 주머니라고 불리는 작
은 친구가 있는데 그 친구가 우리하고 잘 놀아요. 그리고 우리보다
훨씬 잘 웃어요. 선생님이 따돌리고 안 놀면 우리가 그 친구보다 더
아픈 아이들이라고 했어요. 우리는 잘 지내는데 어른들은 도대체
왜 목숨을 걸고 싸우는지 이해가 되지 않아요."라는 말을 듣고 가
슴이 먹먹해져 무엇이라고 대답을 해주고 싶어도 해주지 못해 미안
했습니다.

Q3. 활동을 하시면서 보이지 않는 장벽을 느끼셨을 거라고 생각합니
다. 주로 어떤 것이었는지요?

저는 고향이 강원도 동해시 묵호입니다. 그리고 저에게는 지체 장애인이셨던 작은 아버지가 계셨습니다. 저의 작은 아버지는 돌아가시기 전까지 이곳에서 도장과 인쇄업을 하셨었습니다. 이 말을 왜 하냐면, 저의 작은아버지가 살아계실 때 반대하시던 주민분들 중 작은아버지께 가서 도장을 그냥 파오고 도움을 받으셨던 분들이 보였습니다. 우리 작은 아버지도 장애인이셨는데 엄밀히 말하면 그 때 이분들은 우리 작은 아버지에게 미약하나마 작은 도움을 받으셨던 분들인데 어떻게 이렇게까지 할 수 있을까 섭섭함이 문득문득 생겼었고, 어느 신문에 보면 제가 주민 한 분을 안고 울고 있는 사진이 있습니다. 그 기사를 보고 많은 분이 저에게 질문을 해주셨습니다. 왜 그분을 안고 울고 있는지, 기뻐서 울고 있는지 물으셨습니다. 그분은 제가 예전에 다니던 교회의 권사님이십니다. 뇌 병변으로 목숨이 생사의 기로에 놓였을 때부터 지금까지 기쁨이의 건강과 행복을 위하여 함께 기도를 해주셨던 분입니다. 그분을 보고 제가 너무 놀라서 "권사님 왜 여기 오셨냐고! 왜 여기 계시냐고! 권사님도 기쁨이를 위해 기도해주셨던 분이 왜 여기 계시냐고! 이러시면 안 된다. 이러시면 안 된다고 특수학교가 건립되는 것에 반대하시면 안 된다." 하면서 제가 권사님을 꼭 안고 있었던 상황입니다. 그 상황에 뒤에 있던 주민분들은 "쇼하지 말라!"며 목청을 높이면서 사람 잡고 안 놔준다는 말과 함께 목숨을 위협할 정도로 강한 목소리를 그저 묵묵히 듣고 있어야만 했습니다. 한참 뒤에야 권사님의 대답은 "난 자세한 것은 모른다. 주변 사람들이 가자고 해서 왔다. 막걸리, 소주 한 잔씩들하고 가자 해서 왔다. 안 가면 안 될 것 같아서 그냥 같이 왔다. 그렇게 소주 한 잔씩들하고 같이 온 사람들이 많다. 여기가 학교가 아니고 수용소처럼 만들어진다고, 우리 동네가 장애인촌이 된다고 해서 그렇게 하면 안 된다고, 우리가 가서 막아야 한다고 해서 그래서 사람들과 함께 왔다"라고 대답을 하셨습니다. 그동안의 감사함이 공포가 되어 억장이 무너지고 가슴이 막혔습니다. 그 상황에서는 안고 울 수밖에 없었습니다.

학교라고 아무리 설명을 해도 소용이 없었고, 피해가 가는 것이 아무것도 없다고 얘길 하여도 듣지 않으셨고, 지역 사람이고 동네 사람이고 무엇이 되었건 다 필요 없다고 말씀하시며 두 눈에 띈 살의는 지금도 잊히지 않습니다. "특수학교가 설립되면 장애 학생들 모두 죽음을 각오하고 피바다로 가득 차게 만들어 버리겠다."는 발언을 학생들에게 서슴없이 건네었습니다. "우리 동네 근처에 눈에 띄기만 하면 오면 너희들 부모도 똑같이 장애인 만들어 버릴 것이다."라는 말을 아무런 거리낌 없이 했습니다. 그런 상황과 공간에서 우리는 기성세대 분들의 아집 아닌 아집으로 이 일을 하면서 더 지쳤고, 더 아파서 포기해야 하나라는 마음을 넘어 이러다가 이분들이 정말 우리를 당장 어떻게 하시는 건 아닐까 무서움을 극복하는 것만 해도 벅찬 나날이었습니다.

Q4. 정말 무섭고 힘든 시기를 견디셨습니다. 어떤 마인드로 동해시
특수학교 설립이 허가되기까지 견딜 수 있으셨는지요?

위에서 말씀드린 것과 같이 학교라는 것, 그리고 교육이라는 것은
우리 아이들도 당연히 누려야 할 의무입니다. 이것이 잘못된 인식
으로 반대가 되고 학교가 지어지지 못한다면 제가 아닌 다른 분들
도 저와 같은 생각으로 우리 아이들만을 바라봐 주실 것이라 믿습
니다. 당연한 것이기에 당연히 해야 할 일이었다고 말씀드리고 싶습
니다.

Q5. 현재의 활동을 통해 사회에 전하고자 하는 메시지가 있으신지요?

지금 현재 우리가 사는 이 사회는 내가 장애를 갖고 싶다, 안 갖고
싶다는 의견을 묻지 않고, 언제 어느 상황의 누구에게든지 내가 알
수 없는 상황에 장애라는 것을 갖게 될 수 있는 세상에서 우리가
모두 함께 살고 있다는 생각을 합니다. 바꿀 수 없는 일부 기성세대
분들의 생각에 억지로 장애 인식이라는 것을 끼워 넣을 것이 아니
라 국가와 우리가 사는 현장 한 곳 한 곳에서 우리가 모두 편견 없

이 살아가야 하는 것을 당연하게 받아들일 수 있도록 하나씩 바꾸어 나가면서 서로 같이 노력해 주어야 한다고 말하고 싶습니다.

Q6. 향후 선생님의 행보에 대해 말씀해 주실 수 있으신지요?

저는 커가는 우리 아이들이 사회에 나올 때를 대비하고 있습니다.
1) 함께 살아가야 하는 방법
2) 직장에서 사람을 대하는 방법
3) 혼자 살아가야 하는 방법
이 세 가지를 위하여 차근차근 준비하고 공부하고 있습니다, 여러 소도시는 우리 아이들이 성인이 되고 난 후에 살아가야 할 시스템이 마련된 곳이 많지 않습니다. 이러한 현실이 너무 슬프고 아픕니다. 미약하나마 위의 세 가지를 위하여 작게 하나씩 하나씩 밟아갈 예정입니다.

Environment (환경)

Sustainable Development Goals (지속가능목표)

Governance (거버넌스)

Eco Life (지구 살리기)

Social (사회)

Goal (목표)

Goal
(목표)

6부

왜 ESG가 트렌드 또는 이슈일까

ESG는 갑자기 도깨비방망이로 뚝딱 하듯 생겨난 개념은 아니다. 2000년대 초반만 하더라도 필자 주변에 해외에서 선진 학문을 익히고 온 사람 중에서도 지속 가능한 발전, CSR, ESG의 개념을 듣고서 고무된 적이 있었다. 지속가능한 성장은 미래에 살아갈 세대를 위해 자원과 잠재력을 소비하지 않으며 현세대의 발전 수요를 지속적으로 성장가능하게 한다는 개념이다. UN에서는 PRI(책임투자원칙)을 발표해 ESG를 기반으로 기업에 대한 평가와 기업의 자발적 투자를 기업에 대한 자산 운영 및 자산투자 시 핵심적인 요소로 반영한다는 것을 2006년에 이미 발표한 적이 있다. 환경이나 노동자에 대한 처우 등 ESG에 관련된 것을 GRI*(글로벌 리포팅 이니셔티브), TFCD(기후 변화 관련 재무 정보 공개를 위한 태스크포스) 등에서 지침으로 정할 정도였다.

*Global Reporting Initiative. 전 세계에 통용되는 기업의 '지속가능성 보고서'의 가이드라인을 입안하기 위한 연구센터.

ESG에 대한 평가 모델과 지속가능한 발전을 두고 해당 기업의 투자를 결정하는데 중요한 지표로 활용한다.

애플, 아마존, 월마트, 블랙록을 포함 미국에서 가장 영향력 있는 181개 기업의 CEO가 함께 의논했다. 이들은 BRT(비즈니스 라운드 테이블)에서 기업의 주주 이익을 위해 모든 이해관계자의 가치 증진을 목적으로 한 회의를 열었다. 기나긴 회의 끝에 '기업의 목적(Purpose of a Corporation)'을 발표했다. 관리하는 운용자산만 해도 1.1경이 넘는 세계 최대 투자펀드 자산운용사인 블랙록은 2020년 초 ESG를 투자 결정의 가장 중요시되는 요소로 보았다. ESG에 대응하지 않는 기업은 투자하지 않겠다고 한 바 있다. ESG는 CSR과 CEO의 관점이 넘어 기업의 생존을 위한 비재무적 핵심 요소가 되었다.

단순히 경고만으로 끝나지 않은 사례를 하나 다루어 보겠다. 2021년 10월 7일 탄소중립위원회에 한 통의 편지가 도착했다. '기후행동 100+'라는 모임이다. 세계 투자기관들이 기후변화 자체에 대응하고자 만든 협의체다.

협의체 이름은 낯설게 느껴질 수 있다. 이 협의체에 속한 투자기관은 전 세계 자산운용사와 연기금 등 615개 투자기관으로 이루어져 있다. 이 협의체에서 운용하는 자금만 55조 달러가 넘는다. 원화로 보면 6경 5천조 원 수준에 이른다.

세계 최대 투자펀드 자산운용회사 블랙록(BlackRock), 세계 최대 채권투자 운용회사 핌코(PIMCO), 세계 최대 연기금 운용 전문기관 네덜란드연금자산운용(APG) 등 주요 기업이다. 블랙록은 국내 3대 금융지주회사인 KB은행·하나은행·신한은행 금융 지주에서 국민연금에 이어 2대 주주일 정도로 영향력이 상당하다. 네덜란드연금자산운용은 삼성전자와 SK 하이닉스 등 국내 굴지 기업에 10조 원 이상을 투자하고 있다. 이들은 한국정부에 탄소감축 세부 일정 및 민간 석탄발전소 폐기를 요구했다. 첫 번째는 온실가스(탄소) 감축을 명확히 하고 그에 따른 계획을 공식화하자는 것이다. 두 번째는 민간 석탄발전소의 추가 건립을 백지화하고 이미 기존에 지어진 석탄발전소마저 감축하라는 것이다. 탄소 감축 계획을 세울 때는 국제 규범에 따라 더 과감히 실행할 것을 요구했다. 이들이 말하는 국제 규범은 국제에너지기구(IEA)의 '2050 탄소중립 시나리오(IEA Net Zero 2050)'를 말한다. 국제에너지기구는 선진국부터 솔선수범하여 2030년까지 석탄 발전 퇴출을 강력하게 요구한다. 이들은 한국의 현재 상황을 강력하게 비판했다. 선진국을 비롯한 해외에서는 탄소중립을 위해 신규 석탄발전소 백지화 및 이미 지어진 석탄발전소 해체에 열을 올리는데 반해 한국은 신규 석탄발전소 허가 및 기존 석탄발전소의 연장 운전까지 한다는 것이다. 신규 석탄발전소 건설은 탄소중립 정책에 거꾸로 행하는 것이다. 국제 사회에서는 경제적으로도 신규 석탄 발전소는 경제성이 시간이 가면 갈수록 떨어져 '좌초자산'이 될 것이라고 경고했다. 이 문제를 탄소중립위원회와 논의해야 한다고 했다. 우리나라에서 민간 기업이 짓는 신규 석탄발전소만 해도 2021년 기준 7곳이며, 추가로 논의하고 있는 곳은 그 이상이다. 그중 신 서천화력발전소는 2021년 10월 기준으로 운영을 시작했다. 현재 건설되고 있는 발전소들이 모두 가동한다면 해마다 3,850만t 이상의 탄소가 배출될 것이고 한다. '기후행동 100+'는 전 세계에 탄소 배출 상위 167개 기업을 정해 탄소 감축 계획을 요구했다. 탄소 배출 상위 기업 중 우리나라 기업으로는 한국전력, 포스코, SK이노베이션 등을 선정했다. 네덜란드연금자산운용 등은 탄소감축 의지가 상대적으로 부족하다 여겨 한국전력의 주식을 2020년 말에 전부 팔았다. 이 사례만 보더라도 우리나라 경제가 세계 자본시장에서 경제력은 가지고 생존하기 위해서는 해외에서 제시하는 탄소 저감 지침을 따라야 한다고 생각한다.

ESG에 가장 관심을 두고 있는 세대는 MZ세대다. MZ세대는 밀레니얼 세대(1981~96년생을 이르는 세대)와 Z세대(1997~2010년생을 이르는 세대)를 아우르고 있는 세대를 말한다. 이들에게는 급격한 디지털 전환을 겪었다는 공통점을 가지고 있다. 우리나라의 청년들이 친환경 기업이나 제품에 보이는 관심은 상대적으로 크지 않다고 보는 시각이 있다. 사실은 이와 같지 않으며, ESG를 비롯해 그린 워싱에 대한 민감도가 다른 세대보다 더 강한 것이 현재 우리나라의 MZ 세대라고 할 수 있다. 기업은 이러한 민감도보다 상품 판매를 위한 그린 워싱 마케팅에만 집중하게 되면 MZ세대 공략은 반쪽짜리가 될 수밖에 없다. 기업과 정부는 MZ세대의 욕구를 정확하게 파악하고 그린 공감지수(GEQ)를 높여 우리나라의 ESG 인식을 높여야 한다.

미국의 경제 미디어, 데이터, 소프트웨어 기업으로 주식시장의 정보를 실시간으로 확인 가능한 블룸버그 단말기로 유명한 블룸버그에 따르면, MZ세대가 세계 인구의 63.5%를 차지한다고 한다. MSCI(모건스탠리캐피털인터내셔널)에서 내놓은 보고서는 전 세계의 MZ세대 중 60% 이상이 아시아에 있기에 MZ세대를 위한 성장 동력이 가능하다고 보고 있다. MZ세대의 경제력은 지금 현재 가장 활발한 소비와 지출로 알 수가 있다. ESG에서 MZ세대는 기업이 환경 및 사회공헌의 가치를 보고 소비하는 경향을 보이기에 기업들도 이를 따르는 것이다. 마케팅의 측면으로만 보고 접근해 상품의 환경에 관련되어 효능·광고가 허위 과장된 친환경 이미지로 경제적 이익을 취하는 그린 워싱으로 곤욕을 치른 기업도 있다. 블랙록 회장에 따르면 블랙록에 근무하는 MZ세대 직원 중 63% 이상은 기업의 주요 목적을 사회개선에 있다고 한다. MZ세대는 기업의 경제력과 사회적 가치(social cause)를 중요시한다. 글로벌 기업인 아마존은 2030년까지 기업이 소모하는 전력 전부인 100%를 재생에너지로 전환한다고 밝혔다. MZ세대가 이전 세대와 가장 다른 점은 '가치 소비'에 있다. 이는 신념을 표출시키는 소비행위인 '미닝아웃(meaning-out)', 가성비나 갓(GOD)성비를 넘어 가격 대비 마음의 만족을 추구하는 소비행위인 가심비(價心費), 구매 운동(buycott)이라는 표현으로 나타난다. 구매 운동 중 하나로 착한 기업이나 업체, 사업장을 돈으로 혼낸다는 '돈쭐(돈+혼쭐)'이라는 표현도 사용한다. MZ세대의 가치 소비적 성향은 ESG를 실천해야 하는 이유이기도 하다. 교육을 통한 선진화로 ESG 감수성이 향상되었기에 MZ세대를 위한 시장의 기업과 정부 기관이 ESG에 민감하게 반응하고 있다는 것이 ESG가 다가오는 것을 느끼는 가장 큰 이유이다.

우리나라의 MZ세대인 현재의 대학생과 취업준비생 사회초년생들과 청장년기를 보내는 이들 입장에서 생각하고 마케팅을 구축하는 것을 본 적은 없다. 이들은 치열한 수능을 뚫고 진학한 대학에서 세계 최고의 멀티미디어 엔터테인먼트 OTT 기업인 넷플릭스 오리지널 시리즈 중 세계적인 열풍을 일으킨 '오징어 게임'을 연상하게 할 정도로 경쟁한다. 방학 중에는 계절학기, 어학연수, 자격증, 인턴, 기자단, 공모전, 사회공헌활동, 봉사활동, 어학시험

점수, 해외경험을 위한 해외봉사, 동아리 활동, 논문, 학회 발표 등 스펙을 쌓느라 청춘을 불태운다. 그런 탓에 개인적으로 활동하는 경우가 흔하다. 혼자 밥을 먹는 문화나 혼자 여행을 하는 문화, 혼자 노는 문화는 이전 세대에서는 이해가 안 될 정도로 변화된 문화라고 할 수 있다. 이들은 사회진출 후에도 하루가 다르게 고공행진 하는 부동산값을 바라만 보며 내 집 마련의 꿈은 이미 저 멀리로 포기했고, 치열한 경쟁으로 습득한 지식과 학력과 학점은 사회정책에 따라 다르게 적용되어 그들에게 또 다른 아픔으로 다가온다.

인천국제공항 계약직과 아르바이트생마저 대규모 정규직으로 전환하는 사례나 건강보험공단 콜센터 직원 1,600명을 조건 없이 대규모 정규직으로 전환하는 와중에도 신입 정규직 채용 인원은 현저히 떨어지는 등 취업 관련 국가의 정책은 수시로 바뀐다. 내외부의 환경 요인이 극도로 변화하여 무엇을 해도 안 될 것이라는 무기력함이 축적되었다.

MZ세대에 대한 이슈화는 주로 마케팅 측면으로 강하게 이루어졌다. 이들이 가진 문화적 이슈와 환경에 민감한 세포를 기업과 정부가 MZ세대의 눈높이에서 풀어가야 우리나라 미래의 변화에 대응할 수 있다. 52시간 근무제 시행으로 일희일비하는 경영진과 노동자들이 있다. 2021년에는 중대재해처벌법을 포함 근로자 처우 개선 정책들이 선보였다. 하지만 여전히 풀어야 할 과제들이 있다. 디지털 매체 등 편리하고 빠른 매체를 통한 구매는 기업의 수익과 생존에 영향을 미치게 한다. '인증 문화'와 '네티즌 수사'와 같은 방식으로 인해 기업의 이미지에 대한 영향은 빠르고 강하게 미칠 수 있다. 보여주기식인 'ESG 워싱'으로는 오너리스크를 포함한 장기리스크의 늪에 빠질 수 있다. 향후 사회를 이끌 4차 산업의 부산물인 창조산업과 서비스산업은 기업 구성원 간의 역량과 협력을 중요시한다. 사회의 선진화와 산업의 고도화에 따라 경제력을 갖춘 MZ세대의 인식, 효과적 소통과 그로 이어지는 기업과 제품에 대한 만족도는 경영 전반의 생존에 영향을 미친다. 미래 경영의 가치를 이끌어 갈 ESG를 위한 투자가 긍정적인 성과로 이어지기 시작했다.

인천국제공항은 2021년 10월 말경, 그린 모빌리티 충전 인프라 구축과 신재생 에너지 활용 에너지 자립형 공항 구현으로 '저탄소·친환경 공항'을 구축한 성과를 인정받았다. 이로써 인천국제공항은 ESG 경영혁신을 외친 해에 글로벌 최우수 녹색 화물공항으로 선정될 수 있었다.

이뿐만이 아니다. KB금융은 글로벌 환경 이니셔티브 NZBA(넷제로은행연합)의 아시아·태평양지역 대표, 글로벌 표준인 SBTi(과학기반 감축 목표 이니셔티브) 승인으로 ESG 평가 2년 연속 A+를 받았고, 롯데손해보험은 산림관리협의회(FSC) 인증 친환경 소재로 전환하고, 지속가능 기업에 집중투자하는 친환경 자산운용 전략과 민영 보험의 사각지대에 놓인 소방관을 위한 전용 보험서비스(상품)인 'let:hero 소방관보험'을 업계 최초로 출시하고, 국가유공자의 희생과 헌신을 예우하기 위한 '국가유공자 보험료 할인'으로 높은 평가를 받게 되었다.

 ESG는 기업의 생존을 위한 존재가 되었다. ESG 경영전략과 ESG에 대한 명확한 목표 설정이 생존의 비결이 되는 것이다. ESG 관점에 대한 본질 파악과 기업의 목적과 비전 및 목표에 도달하기 위한 전략 방향 및 추진과제를 실행하기 위한 노력을 기울이고 있는 것이다. 이것이 자칫 ESG에만 끼워 맞추는 ESG 워싱으로 변질될 수 있지만, 모니터링에 의해 금세 드러나는 만큼 시민사회와 협력하여 ESG 모니터링단을 구축하는 노력을 기울인다면 기업의 입장에서는 ESG 이슈에 대응하는 깨끗한 기업의 이미지로 건전한 수익 창출도 가능할 것이다.

글로벌 속의 ESG 대한민국

우리나라가 전 세계에서 기후 악당이라는 오명을 받는 것에 비해 직접 우리나라에서 공부하거나 활동하는 외국인들의 시각은 조금 다른 듯했다. 이번 부분에서는 우리나라를 바라보는 유학생 케빈과 마리아의 인터뷰 들어보기로 했다.

케빈은 모잠비크에서 1997년에 태어나고 2016년에 한국으로 공부하러 온 인재다. 그는 한양대학교 기계공학과를 졸업한 후에 지금은 우주일렉트로닉스라는 회사의 연구소에서 일하고 있다. 환경보호를 정말 좋아해서 기후프로젝트 한국지부에서 오랫동안 활동가로 봉사활동을 했고 그 같은 이유로 2016년 11월부터 채식을 하기 시작해서 지금까지 하고 있다고 한다.

그는 고등학교에 다닐 때 유학을 하겠다는 결심을 했다. 해외 여러 나라 중 어디로 갈지 결정하려고 많이 찾아봤는데 한국은 장학금도 있었고 기술도 잘 발달 되어 있어서 기계공학과를 공부하기에 좋을 것으로 생각해서 왔다고 한다. 안전한 나라라는 이미지가 있어 걱정 없이 일상생활도 잘할 수 있을 것으로 생각했다.

그는 모잠비크 사람 입장에서 볼 때 한국이 환경에 대해서는 잘 대처하고 있다고 생각한다고 한다. 왜냐하면, 한국인들이 재활용을 잘하기 때문이라고 한다. 모잠비크에서는 아직도 매립지로 쓰레기를 폐기하는 데 재활용을 해야 환경보호를 할 수 있다고 생각한다. 그렇지만 기후변화의 경우에는 한국이 대처하기는 하는데 아직 부족한 것 같다. 왜냐하면, 한국의 에너지 소비량이 너무 높아서 온실가스 배출량도 엄청 높기 때문이라고 한다.

그가 한국에서 살면서 느낀 것 중 하나가 낭비되는 에너지가 너무 많다는 것이다. 예를 들면 우리 대학교에서는 가끔 빈 강의실들이 전등이 모두 켜져 있을 때가 많다고 한다. 그래서 한국에서 센서들이나 IoT를 쓰면서 에너지를 절약할 수 있는 시스템들을 만들었으면 좋겠다는 생각을 한다. 모잠비크의 경우에는 한국처럼 좋은 수준의 시스템을 갖춘 대중교통 시스템이 있었으면 좋겠다는 생각이 든다고 한다. 한국의 재활용 문화도 모잠비크에 대입하면 좋겠다고 밝혔다. 왜냐하면, 모잠비크는 교통 인프라도 좋지 않고, 대중교통도 불편하다. 성인이 되면 무조건 자동차가 있어야 해서 자동차가 너무 많기 때문이다. 아직도 매립지에 쓰레기를 폐기해서 환경에도 안 좋고 모잠비크의 온실가스 배출량도 높이고 있다.

사회에 전하고 싶은 메시지는 기후변화 문제가 그냥 기후변화 문제로 생각하면 안 된다는 것이다. 기후변화 문제라고 하면 안 되고 이제 기후위기라고 하고 우리 인류가 심각한 위기에 있다는 것을 이해해야 한다고 전하고 싶다. 우리 다 같이 친환경 방향으로 노력해야 그 위기에서 나갈 수가 있다.

그는 앞으로도 환경보호를 위해서 노력하겠다는 의지를 불태웠다. 그는 아무리 작은 행동이더라도 모으다 보면 그 작은 행동으로 엄청난 좋은 변화를 만들 수 있다고 생각한다. 그래서 그가 한국 회사에도 온실가스 감축 아이디어들도 제공할 생각이 있고 나중에 모잠비크로 돌아가서 환경보호와 관련해서 한국에서 배운 것들도 실시하려고 노력할 계획이라고 한다.

Interview with Maria.

Q1. Maria, nice to meet you. Please introduce your current work and Maria's story.

I am from Panama and I am currently a 3rd year student in the Electrical and Electronic Engineering Department at Yonsei

University. I am passionate about technology and it being used to solve modern world problems. Within my current undergraduate studies, I am inclining towards the side of Artificial Intelligence.

Q1. 마리아, 만나서 반가워요. 현재 작업과 Maria의 이야기를 소개해 주십시오.

저는 파나마 출신이고 현재 연세대학교 전기전자공학과 3학년 입니다. 저는 기술과 현대 세계의 문제를 해결하기 위해 사용되어 온 기술에 관한 열정을 갖고 있습니다. 현재 학부 생활 중, 저는 인 공지능 쪽으로 더 관심을 두고 있습니다.

Q2. Why did you come to Korea?

I came to Korea searching for bigger opportunities and better education. I didn't want to limit myself in my country and I wanted to expand my possibilities. Doing my studies for Engineering in a country like Korea seemed like the right thing to do, considering Korea's huge development in technology. Besides, I have always loved Korean language!

Q2. 한국에 왜 오셨나요?

저는 더 큰 기회와 더 나은 교육을 찾아 한국에 왔습니다. 저는 내 나라에 나 자신을 제한하고 싶지 않았고 제 가능성을 넓히고 싶었습니다. 한국 같은 나라에서 공학을 위한 공부를 하는 것은 한국의 엄청난 기술 발전을 고려했을 때 옳은 일인 것 같았다. 게다가, 나는 항상 한국어를 사랑했어!

Q3. From the perspective of the people of the country where Maria was, how do you think Korea is coping with the environment and climate?

I was amazed to see the amount of young people interested in the climate action movement. It was something I could notice in the number of people participating in each sustainable development related activity or climate action groups I have been part of.

I also believe the recycling system in South Korea is very well organized, compared to my country, where people hardly ever recycle. I have also had experiences buying at zero waste shops in South Korea, which weren't many, but it was interesting to see there are some here, given that I have never seen one of those in my home country.

Q3. 마리아가 살던 나라 사람들의 관점에서 볼 때, 한국은 환경과 기후에 어떻게 대처하고 있다고 생각하는가?

기후행동 운동에 관심이 많은 젊은이를 보고 깜짝 놀랐다. 그동안 내가 참여했던 지속가능발전 관련 활동이나 기후행동 모임의 참여 인원 수에서 알 수 있는 부분이었다.

저는 또한 재활용을 거의 하지 않는 우리나라에 비해 한국의 재활용 시스템은 매우 잘 조직되어 있다고 생각합니다. 저도 많지 않던 한국의 제로 웨이스트샵에서 구매해본 경험이 있는데, 고국에서 본 적이 없는 곳이라는 점을 감안하면 여기에도 있어 흥미로웠습니다.

Q4. During your activities, did you think about what you lacked or what kind of things should exist in Korea or Maria's country and in what direction should we move forward?

I am not a vegan myself, but I do strive for a more sustainable diet. I feel like it has gotten better recently, but I think businesses could still offer more varied vegan options and all coffee shops could offer plant-based milk options (not only the big franchises).

Also, I have noticed a very developed food delivery culture in Korea. It is so easy and convenient that I also find myself ordering food quite frequently. But living in a school dormitory allowed me to see every day the piles of single plastic and food waste generated. It was somewhat alarming, so I believe we should start moving towards more sustainable consumption practices. Here, in my country, and everywhere.

Q4. 활동하면서 한국이나 마리아의 나라에 무엇이 부족한지 혹은 어떤 것들이 존재해야 하는지, 그리고 우리가 어떤 방향으로 나아가야 하는지 생각해 보셨나요?

저는 채식주의자는 아니지만, 더 지속가능한 식단을 위해 노력합니다. 최근에 좋아진 것 같긴 하지만, 사업체들은 여전히 더 다양한 비건 옵션을 제공할 수 있고 모든 커피숍들은 식물성 우유 선택권(대형 프랜차이즈뿐만 아니라)을 제공할 수 있다고 생각합니다.

또한, 저는 한국의 음식 배달 문화가 매우 발달했다는 것을 알게 되었습니다. 그것은 너무 쉽고 편리해서 나 또한 자주 음식을 주문합니다. 하지만 학교 기숙사에 살다보니 플라스틱과 음식물 쓰레기 더미가 매일 쌓이는 것을 보게 되었습니다. 이를 보면서 경각심을 갖게 되었고, 저는 우리가 좀 더 지속가능한 소비 관행을 향해 나아가기 시작해야 한다고 생각합니다. 여기, 우리나라에서 그리고 모든 곳에서 말입니다.

Q5. Is there a message you want to convey to society through your current activities?

Participation and interest from all society is crucial in the construction of a sustainable future. I invite everyone to get more interested in climate related policies in their countries and support the people who stand for them. And on the individual effort side, I want to say that any small step we take towards a more sustainable lifestyle matters. No one should judge anyone for not going from zero to an extreme environmentalist.

Q5. 현재 활동을 통해 사회에 전하고 싶은 메시지가 있는가?

지속가능한 미래 건설을 위해서는 모든 사회의 참여와 관심이 중요하다. 모두가 자국의 기후정책에 더 관심을 두고 이를 옹호하는 국민들을 지지해주길 바란다. 그리고 개인적인 노력 측면에서, 저는 우리가 아무리 작은 발걸음이더라도 좀 더 지속가능한 생활

방식을 향해 가는 것이 중요하다고 말하고 싶습니다. 아무도 제로
에서 극단적인 환경주의자가 되지 않았다고 판단해서는 안 된다.

Q6. ESG / Climate Change / Sustainable Management Have
you heard of it? Can you tell me if you know?

Yes, I am very familiar with these terms. I have a strong
interest in climate action and sustainability. This is why I have
been part of some climate action networks and clubs in Korea
during my stay. I have also taken some lectures on ESGs and
try to keep myself up to date by reading books. As a person
who likes technology, my main topic of interests are smart
cities, smart buildings, AI solutions for efficient energy systems,
etc.

Q6. ESG/기후 변화/지속가능한 관리를 들어보셨습니까? 혹
시 아는 대로 말씀해 주실 수 있나요?

네, 저는 이 용어들에 대해 매우 친숙합니다. 저는 기후행동과
지속가능성에 매우 큰 관심을 두고 있습니다. 이것이 제가 한국에
머무는 동안 몇몇 기후행동 네트워크와 클럽에 참여한 이유입니
다. 저는 ESG에 대한 강의도 몇 개 들었고 책을 읽음으로써 제 자

신을 최신 상태로 유지하려고 노력했습니다. 저는 기술을 좋아하는 사람으로서 스마트시티, 스마트빌딩, 효율적인 에너지 시스템을 위한 AI 솔루션 등에 관심이 많습니다.

Q7. Can you tell us about Maria's future moves?

I am currently applying for an internship in Smart City policies, which is a topic I enjoy studying. In the future, I hope to get a job in a similar field, and in case I decide to go for further studies, I am planning to do a Master's degree in Sustainable Management Technology.

Q7. 마리아의 향후 행보에 대해 말씀해 주시겠습니까?

저는 현재 제가 즐겨 공부하는 주제인 스마트시티 정책 인턴십에 지원했습니다. 앞으로 비슷한 분야에서 일하고 싶고, 혹시라도 진학을 결심하게 된다면 지속가능경영기술 석사과정을 밟을 계획입니다.

한국에서 유학하는 외국인의 시각으로 본 한국은 배울 점이 많지만, 한국 역시도 기후위기에 좀 더 적극적으로 대응하길 바라는 것은 한국에서 공부하는 학생들과 큰 차이가 없었다. 그래도 COP26에서 보여준 한국의 탄소중립에 대한 의지는 꼭 벤치마킹하고 싶다는 소회를 밝혔다.

지금까지 이런 기금 없었다. 네, ESG 기금입니다.

필자는 진정한 ESG 경영을 위해 환경법을 공부하다 우연히 공공신탁이론을 접하게 되었다. 공공신탁이론이라고 하는 것은 다음과 같다. 자연자원에 대하여 그 자원을 갖는 주체인 일반 국민에 대한 공공이익을 보호하기 위해 생긴 개념으로 그 소유자에게 자연자원이 맡겨져 있다는 의제이다. 그 소유자인 일반 국민이 소유자이자 수익자로서 공공의 자원인 자연을 보호하고 보전하여야 할 의무를 행하라는 이론이 되겠다.

공공신탁에서 말하는 어떠한 자원이라고 하는 것은 일반 국민 모두에게 매우 중요한 것이라고 정한다. 즉, 자연이라고 하는 자원을 통해 특정 개인의 자유로운 이익을 내서도 안 되고, 사적 사유권을 주장하는 것 또한 안 된다는 것이다. 특정 자원은 인간에게 부여한 선물이 된다고 한다. 특정한 개인이 아니라 모든 국민을 위하여 보존해야 한다. 자연이라는 자원을 사용하는 자체가 공공적 성격을 가지므로 특정한 개인이 이를 사적으로 이용하기 위해 변형하거나 공공적 성격이 아닌 개인적으로 제공하는 것은 적합하지 않음을 말하는 것이다.

물론 ESG 경영은 장기적인 관점에서 보면 친환경 책임경영과 사회적 책임경영, 투명경영을 통해 지속가능한 성장과 발전을 추구하는 것이다. 그런데 공공신탁이론을 보면서 한 가지 재미있는 사실이 떠올랐다. 공공신탁에서 자연을 가지고 개인이 이윤을 추구하는 것을 금한다고 한다면 공공의 목표를 향해 기금을 운영하는 형태로 ESG를 실천하는 방향으로 유연하게 옮기는 방법도 한 가지 좋은 방법이라는 생각이 들었다.

예를 들어, 자연과 가장 가까운 기관 중 하나로 국립공원공단을 예로 들어보겠다. 현재 국립공원공단은 기후변화로 인해 신경써야 할 부분이 굉장히 많다. 탄소중립을 위해 국립공원공단에서는 국립공원 자연휴식년제를 도입했었다. 자연휴식년제란 말 그대로 자연적으로 치유될 때까지 휴식을 주는 제도를 말한다. 국립공원의 경우는 탐방객뿐만 아니라 환경오염으로 인해 기후변화 및 황폐화가 급속도로 진행되어 희귀 동식물의 멸종이 우려되는 지역에 생태계의 보호를 위해 자연휴식년제를 적용하기도 한다. 1991년에 지리산의 제석봉으로 가는 구간 중 일부를 시작으로 현재까지 자연휴식년제를 도입해 국립공원의 모습을 조금씩

회복하는 듯한 모습을 보였다.

하지만 이조차도 기후변화가 급격히 다가오면서 큰 의미가 없을 것으로 생각한다. 2010~2020년 사이 기후변화로 겨울 적설량은 줄었다. 심지어 봄비마저 줄어버리는 상황이 오기도 하고 혹은 폭증하기도 한다. 안정적이지 못한 급격한 강우량의 변화는 식물인 나무에도 그 스트레스가 상당하다는 것이다. 이것은 기후변화로 인해 온난화나 극단적인 태풍을 비롯한 집중호우나 가뭄 그리고 전염병 등의 파생 효과가 총체적으로 가져온 비극이며 아직 결말은 어떻게 될지 아무도 모른다. 다른 자생식물들 또한 기후변화로 어떤 시나리오가 전개될지 알지 못한다. 기후변화로 인해 사라지거나 개체수가 급감하는 생물들을 위한 연구를 진행하고 있다.

물론 이러한 문제를 해결할 좋은 방안 중 하나는 바로 녹지를 확대해 탄소중립으로 지구 온난화를 조금 늦추는 방안이다. 현 상황에서 늘릴 수 있는 녹지는 도심의 일부를 공원녹지로 전환한다는 것이다. 공원녹지는 도시 생활환경에 상쾌함을 유지하도록 도움을 준다. 또한, 시민들에게 안락한 쉼터를 제공한다. 이는 정서적 안정에 도움을 준다. 도시공원을 통해 녹지를 조성하면 유원지로 활용도 가능하다. 저수지나 호수를 활용해 나무와 잔디 그리고 꽃 등의 식물이 자연스럽게 자라도록 하면 된다. 공원녹지를 활용하면 도심에 사는 시민을 위해 맞춤형으로 친화적인 환경교육이 가능하다. 이는 환경의 중요성을 부각하면서 정서적으로 더 친근하게 전달하여 환경 감수성을 더 많은 이들에게 형성하는 데에 도움이 된다. 이미 많은 학교가 학교 숲에 관심을 두고 이를 조성하고 있다. 학교에 전용 숲을 조성한다는 것이다. 이는 학생들에게 정서적 안정을 비롯해 생태 감수성을 발달할 수 있게 된다. 향후 도시 숲 증대를 통해 지속 가능한 환경을 구축할 수 있다. 청소년들에게 자연을 체험해 볼 수 있는 학습 기회를 제공한다. 이로써 자연과 생명의 소중함을 깨닫고 서로의 소중함을 깨달아 진정한 인성교육 또한 가능해진다. 학교와 지역사회 구성원들이 학교 숲을 통해 형성된 상호 협의와 이해를 바탕으로 한 공동체 의식이 형성된다. 숲과 통합적 교육과정 연계 운영으로 더 나은 학습 효과를 기대할 수 있다. 필자는 각 기업에서도 '기업 숲'을 제안했다. 재생에너지를 활용한 에너지 생산량을 100%로 하여 제품을 생산한다는 'RE100'은 탄소중립의 관점에서는 좋은 움직임이다. 사회공헌이 필요한 기업에서는 '기업 숲'을 추진하면 좋다. 기업의 사회공헌과 ESG 홍보도 되고 회사원들도 기업이 제공하는 환경 복리후생으로 휴식을 취하고 나면 고객들과도 원활한 소통으로 업무 향상이라는 결과를 가져올 수 있다.

이 기업 숲 아이디어는 필자가 몇 년 전에 대기업에 제안했었고, 현재 대기업들이 일부 시행하고 있는 것으로 알고 있다. 국립공원공단의 입장에서 기업 숲을 보면, 관리해야 하는 구역은 상당하고 1년에 집행 가능한 예산은 5,000억 원 미만이기에 기후변화나 기타 변수로 인해 재난이나 재해의 발생으로 피해를 입고 이에 대해 갑작스럽게 많은 예산이 복구비용으로 편성된다면 난감할 수도 있겠다는 생각이 들었다. 가장 좋은 방법은 자연을 쉬게 해주는 방식이지만 국립공원을 오르고 싶어 하는 탐방객들의 욕구를 져버리게 된다.

이에 필자는 "메타버스를 활용한 국립공원 ESG 기금 조성 방안"을 제안했었다. 이 제안은 4차 산업혁명의 결과물인 메타버스와 ESG를 결합한 재미있는 기후금융모델이다. 메타버스를 활용해 광활한 국립공원을 온라인상으로 표현 가능하도록 한다. 이 가상의 국립공원은 분양이 가능하다. 물론 실제로 땅을 소유하는 것은 아니지만 온라인상에서는 분양이라는 것으로 메타버스상에서 소유는 가능하다는 것이다. 이 메타버스를 통해 분양받은 공원에서는 해당 지역의 깃대종이나 희귀 동식물을 메타버스를 통해 기를 수 있다. 가상 생물들은 국립공원에서 줍깅 등을 통해 얻은 그린 포인트로만 분양이 가능하다. 그렇게 애정을 갖고 분양받은 가상의 국립공원은 향후 서로 메타버스를 통해 구입 및 판매가 가능하다. 이때 판매되는 금액의 수수료를 부담되지 않을 정도로 책정하여 실제로 국립공원이나 주변의 기후변화로 인한 피해나 동식물 연구가 필요한 'ESG 기금'으로 활용하면 된다는 것이다.

이렇게 'ESG 기금'이 조성되면 향후 더 큰 기후변화 이슈나 ESG 관련 이슈에 대응이 가능한 'ESG 보험'으로 탈바꿈하는 것도 가능하다. 이런 작은 생각과 계획이 모여 더 나은 사회로 발전되길 간절히 희망해 본다.

미래세대를 위한, 탄소중립! 나부터 실천을

필자의 주변 지인들은 대개 두 종류의 성향을 지녔다. 하나는 기후위기에 적극적으로 대응하고 직접적인 행동으로 실천하자는 성향의 사람들이다. 또 다른 하나는 기후위기에 관심이 없거나 기후위기에 대응하자는 정책들에 불만을 가진 성향의 사람들이다.

기후위기에 대응하는 정책에 불만을 가진 이들은 다음과 같은 생각을 한다. 기후변화는 하나의 거대한 사기로 보는 시각이 있다. 기후변화의 원인에는 탄소뿐만 아니라 지구의 축의 바뀌어 발생하는 현상으로 보는 시각이 있었다. 이들은 기후변화를 운운하며 내놓은 급진적인 정책이 결과적으로 보면 지나치게 높은 비용을 요구하고 이 비용은 고스란히 소비자가 떠안는 빚이라는 주장을 펼친다. 오히려 탄소가 증가함에 따라 농작물이 잘 자라 인류가 밥을 먹고 살 수 있는 최적의 환경이 바로 지금이라는 의견을 내놓았다. 현재 소빙하기에 접어들어 온도가 올라갈 걱정은 안 해도 되나 소빙하기로 지구가 점점 추워지니 탄소로 따뜻하게 해주어야 한다는 실로 황당한 주장을 내놓는 사람도 있었다.

이들은 ESG에 대해서도 '기후 게이트'나 '빙하 게이트'를 언급하며 경제적으로 풍족한 사람들의 또 하나의 수익 잔치라는 말로 ESG 경영을 실천하고자 하는 경영자의 의지를 꺾어버리는 발언도 서슴지 않는다.

하지만 이들의 주장은 이미 과학계와 국제 사회에서는 인정받지 못하는 주장이다. 지구 온난화에 관해 연구한 결과를 보면 관련 학계에서는 이산화탄소가 온실효과의 주범이며, 인간의 활동에 따라 그 양은 늘어날 것이며, 그로 인해 온실효과가 더욱 강해지고 지구의 기온도 높아진다는 말에는 모두 동의하고 있다.

이제 우리가 해야 할 일은 탄소중립은 과연 어떻게 하면 현실이 될 수 있을지에 대해 논하면 된다. '탄소중립'이란 화석연료 사용을 비롯해 인간이 활동하면서 배출되는 온실가스를 최대한 줄이고 배출된 온실가스는 산림과 습지 등을 통해 흡수하거나 제거해서 실질적인 총배출량을 '0'이 되도록 하는 것을 말한다. 어느 국가도 예외일 수 없는 국제질서가 되었고, 국제적 흐름이 되었다. 우리나라도 문 대통령의 탄소중립 선언 이후 2050년 탄소중립 목표를 위해 정부 부처가 함께 분주한 나날을 보냈다. 미래세대를 위한 탄소중립은 어떤 것인지 윤순진 2050 탄소중립위원회 민간

위원장님(이하 위원장)께 조언을 구했다.

위원장님은 2021년 10월에 '2050 탄소중립 시나리오'를 발표했다. 그 시나리오에는 2018년온실가스 감축의 이전 목표인 2018년 배출량 대비 26.3%보다 더욱 상향된 수치가 포함되었다. '2030 국가온실가스감축목표(NDC)'에 따르면 2030년까지 온실가스 저감 목표를 무려 2018년 대비 40% 감축으로 발표하면서 기존 목표보다 13.7% 상향된 발표를 하여 세간의 주목을 이끌었다. 2021년 11월에는 영국 글래스고에서 개최된 COP26(제26차 기후변화당사국총회)에 참석해 한국관에서 위원장이 직접 우리나라의 2030 NDC 상향안과 메탄 감축 방안 등을 발표해 국제 사회의 환호를 받았다고 한다. 다른 나라 대사들이 우리나라 2030 NDC에 대해 관심이 많다고 한다. 우리나라가 개발도상국에서 유일하게 선진국으로 선정된 국가이기 때문이라고 한다. 그래서 우리나라가 개발도상국에서 선진국가 된 유일한 국가이기에 개발도상국과 선진국의 징검다리를 역할을 해주기를 바란다는 격려를 들었다고 한다. 우리나라는 주요 선진국에 비해 압축적으로 성장했고, 제조업의 비중이 높다. 우리나라의 제조업 비중이 해마다 약간 다르기는 하지만 2030 NDC의 기준년도인 2018년의 경우 29.1% 정도로 주요 선진국에 비해 높고 제조업에서 에너지 집약 산업 비중이 높기에 탄소 배출이 높은 국가이긴 하지만 해외에서는 우리나라의 현실을 잘 알고 있기에 IPCC의 권고안에 따른 2030년까지 이산화탄소 배출 저감 목표인 2010년 대비 45% 감축보다 낮은 목표로 발표를 했을지라도 이해한다는 것이다. 경제 협력 개발 기구인 OECD에 가입 국가들은 이미 1990년대부터 온실가스 저감에 대한 논의와 함께 감축노력을 추진해오고 있었다는 것은 사실이다. 그렇다고 IPCC에서 권고한 2030년 온실가스 목표치인 45%를 무조건적으로 모든 국가에서 동일하게 시행하라고 하는 것은 형평성에 맞지 않다며 각 국가의 상황과 실정에 맞게 목표를 설정하되 실천을 제대로 이행하는 것이 중요하다고 하셨다. 역사적 배출 책임이 더 크고 더 많은 배출을 해온 국가와 그렇지 않은 국가가 동일하게 2030년까지 2010년 대비 45%의 이산화탄소 배출 감축을 한다는 건 오히려 공평하지 않다는 것이다. 우리나라의 현재 감축 목표는 충분하다고 볼 수는 없지만 그래도 세계적 변화에 발맞추어 나가고 있으며 배출 정점에 도달한 게 2018년으로 탄소중립 목표연도인 2050년까지 남은 기간이 상대적으로 짧은 데다 에너지 다소비 산업구조라 감축이 쉽지 않은 상황에서 나름 선전하고 있다고 볼 수 있다는 것이다.

이제 문제는 어떻게 해야 하는가이다. 우리나라의 기업들이 마인드뿐만 아니라 전환을 위한 기술도 필요하다. 예를 들어 포스코는 '2050 탄소중립'을 발표했는데, 이는 세계 철강사들 중 최초라고 한다. 포스코가 수소 환원 제철을 다른 철강사들보다 먼저 개발하면 세계 철강시장은 우리가 기업이 선점하게 된다. 흔히 포스코는 우리나라 기업들 가운데 온실가스 배출이 가장 많으면서 감축 노력을 충분하게 기울이지 않는다는 평가를 받아서 기후악당기업이라는 인식이 확산되어 있다. 하지만 탄소중립에 당장 대응이 어려운 기업들에게 제대로 대응을 못했으니 기업을 정리해야 한다고 한다면 기업 경영자들만이 아니라 노동자들의 생계가 막막해질 수 있다. 특히 중소기업의 경우엔 대비가 잘 되어 있지 않은 상태라 더욱 그렇다. 그렇기에 기업에 대해서는 공정 전환 및 연료와 원료 전환 기술 개발과 설비 교체를 위한 비용을 지원하고 시간을 줄 필요가 있다.

위원장님은 RE100(재생에너지로 생산된 전력을 100% 사용하겠다고 선언한 기업들의 모임)의 필요성과 중요성을 강조하면서 우리 기업들도 빨리 RE100에 동참해야 한다고 주장했다. RE100을 비롯해 탄소중립을 실현해 나가고자 하는 기업들에 대한 모니터링을 철저히 해야 한다. ESG 경영은 기업이 투자를 유치할 때 중요하다. 투자사사들이 ESG경영을 이행하는 기업에 투자를 하겠다는 의사를 밝혔기 때문이다. 세계에서 가장 큰 투자회사인 블랙록을 비롯해 네덜란드 연기금 등 국제적인 투자 관련 기관들의 모임인 Climate Action 100+ 에서는 투자 대상 기업에 대해 ESG

경영을 공시해야만 투자하고, 철저한 검증을 거쳐야만 지속해서 투자한다고 한다.

위원장님은 재생에너지가 절대 비싼 에너지가 아니라고 한다. 지금 당장 우리나라에서는 비싸 보이지만 다른 많은 선진국에서는 오히려 재생에너지가 원자력 에너지보다 저렴하다고 한다. 우리나라에서 재생에너지가 석탄이나 원자력 에너지보다 비싼 이유는 기존의 석탄이나 원자력 에너지가 환경에 영향을 미치는 비용을 지불하지 않았기 때문이라고 한다. 석탄은 CO_2를 배출하고, 원자력은 사용 후 핵연료를 포함해서 방사성 폐기물을 배출하는데 그 어떠한 사회적 책임에 따른 비용을 지불하지 않았기 때문에 재생에너지가 가격이 상대적으로 비싸 보이는 것이라고 한다. 만약 환경 비용 부과에 대한 사회적 합의가 형성 되면 오히려 석탄과 원자력 에너지가 재생에너지에 비해 비싼 에너지가 될 수 있다. 재생에너지는 환경에 미치는 영향이 상대적으로 적기 때문에 환경비용도 사회 비용이 적다. 우리 땅에서 지속적으로 재생되기에 수입을 할 필요가 없고 고갈을 염려할 필요도 없다. 에너지 안보가 튼튼해진다.

원장님은 미래세대에 대해서는 다음과 같이 이야기 했다. 기후위기에 가장 책임이 큰 부문은 산업부문이지만 기후위기에 대해 정도의 차이에도 불구하고 우리 모두가 피해자이면서 기후위기 야기에 책임이 있는 배출원이라는 것이다. 가령 추운 겨울에는 더운물로 샤워를 할 수 밖에 없는데 온수를 도시가스로 데운다면 우리도 알게 모르게 탄소 배출의 원인제공자가 되는 것이다. 지금 우리가 쉽고 편하게 또 안락하고 쾌적하게 살 수 있는 것은 석탄과 원자력과 같은 에너지를 사용하기에 가능한 측면이 있다. 지금의 삶의 질을 유지하면서 탄소중립을 한다는 것은 쉽지 않다. 삶의 규모, 소비의 규모를 줄이고 소비의 방식을 바꿔야 한다. 무엇보다 과학기술 발전이 중요하다. 창조적 파괴라 불리는 혁신이 계속해서 이루어지면서 과학기술 발전이 이루어지고 있다는 점은 긍정적이다.

탄소중립위원회에서는 일반 시민 500명 정도로 구성된 공론화 기구인 탄소중립시민회의가 있다. 자가 학습과 전문가 강연, 질의응답, 토론과 숙의 과정을 거친 후 실시한 마지막 설문조사 결과를 보면 삶의 질이 유지되는 한에서 탄소중립을 받아들이는 정도는 45.8% 정도였고 내 가족의 이익이 보장되는 한에서 받아들이는 정도는 35.8%로 이 둘을 합하면 80%가 넘었다. 탄소중립을 위해 나 자신의 불편한 삶을 감내한다는 시민은 15.4%에 불과했다. 삶의 질을 유지하면서 탄소중립을 해나갈 수 있도록 과학기술을 발전시키거나 기후위기를 보다 심각하게 인식하면서 탄소중립을 위해 일상생활에서 실천할 수 있도록 우리의 생활방식을 바꿔야 한다. 사용하는 일회용품을 줄이고 먹는 식품의 종류에도 관심을 기울여서 되도록 육식을 줄이고 채식을 늘려야 하며 이동을 위해서도 대중교통이나 1인 수송수단 이용을 느려야 한다. 자동차를 이용해야만 하는 경우도 전기 차나 수소차 등의 친환경 차로 바꾸어야 한다.

무엇보다 중요한 것은 시민 손으로 탄소중립 관련 정책을 제시하는 정치 지도자를 잘 뽑아야 한다. 유럽에서는 탄소중립에 대한 고민이 없는 후보는 뽑지 않기 때문에 탄소중립의 가치를 잘 이해하는 후보가 당선된다고 한다. 법과 정책이 바뀌면 많은 것들이 바뀐다. 기후위기 인식이 높은 소수가 바뀐다고 사회가 빠르게 또는 전면적으로 바뀌기는 어렵다. 다수가 바뀌어야 한다. 그렇게 되려면 정책과 법, 제도가 바뀌어야 한다고 한다. 기업 역시도 재생에너지 이용을 확대하면서 불필요한 포장을 줄이고 재활용이 가능한 소재나 포장재를 사용한 제품을 생산해야 하고 ESG 경영을 제대로 실천해야 한다. 이런 기업을 분별해서 지지해주는 것도 시민이자 소비자인 우리 몫이다. 이런 기업의 제품을 구입해주고 이런 기업의 주식을 사줌으로써 탄소중립을 지향하는 기업을 키울 수 있다. 바로 이러한 소비자 행동을 '화폐투표'라 할 수 있다. 또 우리, 즉 시민은 더 이상 에너지 소비자로 머물러 있어서는 곤란하다. 에너지 생산자가 되어야 한다. 자신의 가정과 학교, 일터와 마을을 바꿔야 한다. 자기 집에 먼저 설치하는 데 앞장서야 할 것이다. 나아가 에너지 협동조합을 만들거나 재생에너지 펀드에 가입해도 에너지 생산자가 될 수 있다.

미래세대가 그들의 필요를 충족할 수 있도록 배려하는 지속가능한 발전을 위해서는 의식 있는 소수를 넘어 다수가 변화될 수 있도록 법과 정책이 바뀌어야 한다는 점을 힘주어 말씀해 주신 위원장님께 감사의 말씀을 드린다.

내가 이웃을 돌보는 사회

코로나를 비롯해 어려운 시기에 국가에서 지원하는 재난지원금. ESG, 크리스마스 시즌을 비롯한 연말에 나타나는 구세군 냄비, AI로 인해 일자리 감소가 예상되자 대안으로 제시되는 국민 모두에게 동일한 금액을 지원한다는 화끈한 공약 중 하나인 재난지원금은 1차적으로 '어려운 이웃'을 돕는 것이다. 경제의 수준이 높아지면서 국민의 삶의 질도 나아지는 듯 보인다. 그런데도 양극화의 그림자는 계층 간에 더더욱 커지고 짙어지고 있다. 1kg당 50원짜리 폐지 줍는 어르신들과 연봉 50억 원의 경영진이 공존하는 세태 속에서 최저생활수준(National minimum)에 대한 합의는 기대수준과 멀리 떨어져 보인다. 오징어 게임, 기생충 등 세계인이 공감하는 K브랜드의 서사에 부자와 빈자의 격렬한 대비가 큰 줄기를 이루는 것을 보면 '격차'는 한국을 포함해 전 세계가 동시에 앓고 있는 거대한 질병이다. 이런 세태 속에서 지속가능성을 유지하려면 경제적 효율성만을 궁극적인 성패의 척도로 삼아서는 안 된다고 생각한다.

필자는 2021년 한해에 마이크로소프트를 비롯한 글로벌 외국계 기업으로부터 필란트로피 명칭의 포지션으로 면접을 보자는 제의를 받았다. 필란트로피는 생소한 개념이라고 생각하는 사람들이 있다. 사전적으로 필란트로피에 대해서 알아본다면 '독지', '자선'의 의미를 말한다. 필란트로피스트는 '공익을 위한 자발적인 행동으로 사랑을 실천'하는 이들을 말한다. 아이들에게 착한 어른이 되기를 교육한다. 그 뜻을 전달하거나 방법을 가르치고 있지만, 실질적으로 적용되기는 어렵다. 생존을 위한 경쟁 속에 미래 세대에게 공익을 실천하라고 강요하는 것은 어려울 수 있다. 필란트로피가 구현되는 사회 영역은 분명 존재한다. 기금과 같이 금액적인 것을 지원해주는 기부산업과 직접 행함으로 가난한 사람을 위해 일적으로 도와주는 자선사업을 넘어서 영리를 추구하는 입장과 영리를 추구하지 않는 입장의 경계까지도 불분명하게 만드는 개념의 무언가를 위해서는 필란트로피가 필요하다고 본다. 이미 필란트로피에 대한 글로벌 기업의 대응은 다음과 같다. 아마존 창업자 제프 베조스는 지구환경을 다루면서 이와 같은 분야인 그린 필란트로피 분야에 10억 달러를 기부할 것이라는 입장을 밝혔다. 구글의 경우에는 2020년에 ESG의 구현을 위해서 '다양성-포용성 전담팀'을 꾸렸다. 유럽연합(EU)이 2021년 7월에 소셜 택소노미(Social taxonomy)를 공개하면서 사회적으로 지속가능한 경제 활동에 대한 판별 원칙을 제시했다. 이에 따르면 인간의 기본 욕구에 대한 접근권과 포용적이고 지속가능한 지역사회 등을 언급한 것을 알 수 있다.

세계의 우수한 인재들이 한데 모인 하버드 공공정책대학원 케네디스쿨 학생의 절반가량은 민간부문 출신이다. 이는 공공의 문제해결과 공익을 구현하는 필란트로피의 가치가 비즈니스맨, 과학자, 금융인을 넘어섰다는 것을 의미한다. 인류 전체가 누리는 부의 크기에 따라 커지면 커질수록, 이에 따른 공정한 부의 재분배 이슈는 현시대에 와서 지속가능한 성장에 있어 필요한 미션이다. 시진핑의 공동부유(共同富裕)는 인민이 함께 부유하자는 뜻으로 부의 재분배를 이루어 보자는 표면적인 표현이다. 숨은 의도는 잘 모르겠다. 지금 현재 정부, 기업, 국제 사회는 민간영역까지 필란트로피를 통해 사회를 공익성을 추구하는 사회상으로 바꾸어 보려고 하는 것이다

우리나라는 세계적으로 원조 공여국으로서 그 위상에 걸맞게 해외 기부금과 ODA 기금의 규모는 1조 1,149억원으로 세계 17위, 아시아 2위이다. 개인의 기부 경험을 보여주는 세계기부지수 순위는 지난 10년 평균 126개국 중 57위이다. 몇몇 사람들의 이

기심으로 인해 번지게 된 기부금 유용 사건은 기부를 가장한 일종의 공익 위싱이다. 국회에 계류 중인 ESG 관련 법안은 예상과는 달리 규제가 지원보다 무려 10배가량 많다고 한다. 그래서 일부 기득권층은 그들의 부정한 일을 가리는 도구로 쓰이고, 잘못을 상쇄하기 위한 도구로 쓰이는 '사회 환원'을 이용한다. 이름 없이 조용한 기부를 하는 사람들의 따뜻한 소식은 인간성 회복의 희망을 이야기한다. 하지만 이러한 뉴스는 미디어의 관심에서 적잖이 멀어져 있는 데다가 설령 알려진다 해도 반짝이고 그 날로 훈훈함은 끝으로 맺는다. 우리나라에서는 필란트로피의 인식은 메마르다 못해 척박하고 왜곡되어 버린 것이다.

1980년대 시장 승리주의가 대세였다. 미국 사회는 점점 사라져가는 시민참여와 공동체 의식에 대한 경각심으로 필란트로피가 크게 화제가 되었다. 청소년 교육과 학문을 장려한 덕분에 더욱 견고해지고 사회에 자리매김했다. 사회적 약자를 선별하고 나서 그들이 원하는 욕구를 파악하게 된다. 공여자를 유치하면서 서로를 연결하며 부의 재분배를 주체적으로 진행하는 일은 사회가 건강하게 성장하기 위한 커뮤니케이션 과정이다. 청년과 청소년 시기에 형성된 모금과 배분에 대한 인식과 생각, 봉사를 통한 배려 등을 통해 지역 특성에 맞는 맞춤형 필란트로피 커뮤니케이션을 주변을 통해 혹은 학교 동아리 활동 등을 통해 경험한 이들은 내면에서 '포용이 곧 공생이고, 배타는 공멸'이라는 마인드로 성장하여 사회에 진출하게 된다. 학창시절에 구축된 사회공헌과 공익가치 실현을 위한 활동을 통해 영향력을 주고받으며 성장하게 되면 이들은 공적인 프로세스를 구축한 상태로 지역사회를 포함하여 국내 및 해외 기업의 리더들과 국제기구에 진출하게 되어 진정한 공익 실현에 앞장서는 리더로 성장하게 된다. 글로벌 미래인재 양성에 필란트로피는 현재는 글로벌 기업에서 먼저 실현하고 있지만, 앞으로는 우리나라에서도 국가 차원으로 실현하게 될 사회의 미래인재상이 된다.

"한 아이를 키우기 위해서는 온 마을이 필요하다"는 아프리카 속담은 약자인 어린이에 대한 인재 양성의 가치는 지역사회의 책임에 있다고 보고 있다. 마이클 샌델 역시 명저 '공정하다는 착각'에서 능력주의의 한계를 경고한다. 그는 능력주의보다 공동체의 중요성을 말하며 "우리의 다름과 함께 더불어 살아가는 법을 배우는 것이 우리가 공동선을 기르는 방법"이라고 결론을 내렸다. 우리 주변에서 어려운 이들을 위한 지원금, 자원봉사, 사회공헌 등을 보면 주관하는 기관이나 기업, 지역사회는 제각기 다르고 커뮤니케이션 방법도 각양각색이지만 수혜자는 1차로는 '어려운 이웃'이 되고 최종적으로는 현재를 살아가는 우리 모두와 미래를 이끌어갈 미래세대 전부가 된다.

ESG 혁명의 목소리와 가치

필자는 환경 관련 활동을 하면서 환경교육을 비롯해 즐거운 환경문화 조성을 위해 신조어를 사용했다. 본 책에서는 주변에서도 공감하며, 함께 사용한 환경 관련 신조어를 몇 가지 살펴본다.

환춘기는 '환경+사춘기'라는 합성어다. 기후변화청년단체 빅웨이브에서 활동하면서 사용하게 된 신조어다. 사춘기는 질풍노도의 시기라도 표현한다. 환경을 바라보는 인식 변화 시점에서 겪는 기후 또는 환경 운동을 하다 보면 주변의 시선이 아니꼽게 보거나, 동떨어져 환경 활동에 대한 동력을 잃을 수 있다. 그런 상태가 지속되면 신경이 예민해지기까지 한다. 환춘기는 기업과 환경활동가 모두에게 나타나는 현상이다. 빅웨이브에서 멤버들끼리 모이면 지금이 '환춘기'라고 이야기하곤 한다.

우리나라 기업에서는 탄소 저감에 대한 대응으로 재생에너

CPBC 가톨릭 평화방송 기후정의를 말한다. 인터뷰

지만으로 사용하고자 하는 전력을 100% 생산하도록 권고하는 "RE100"을 선언하곤 한다. 이때 기존의 전력시설망 전원을 교체하겠다는 선언을 기사에서 늘 접한다. 하지만 시스템 교체에 드는 비용이 상당하다는 것을 필자는 잘 알고 있다. 기업 관련자와 대화를 하다 보면 내외부에서 예산이나 업무에 있어 직원과 임원진들의 반응이 심각할 정도로 예민하다고 한다. 이를 기업 입장에서도 환춘기가 왔다고 웃으며 이야기했던 기억이 있다.

환절기라는 기존 용어를 새롭게 해석한 '환절기'란 신조어도 있다. 환절기의 뜻은 알다시피 계절이 바뀌는 시기, 철이 바뀌는 때다. 계절의 성격이 바뀌는 시기는 겨울에서 봄, 여름에서 가을

이 두 시기를 대표적인 환절기로 뽑는다. 2월 말에서 4월 초, 8월 말에서 10월 초를 환절기로 여긴다. 환절기라는 용어를 필자 나름대로 환경에 빗대어서 표현해 보겠다. 필자의 입장에서 환절기란 절기가 바뀌는 시기로 생각을 하고, 환경+절기 즉, 환경에 대해 느끼는 인식의 온도가 계절의 변화처럼 바뀌어지는 시기라고 생각한다.

필자는 1999년 영월 동강댐이 지어진다는 뉴스를 접하고 과연 동강댐이 진정 중요한지 자연보호를 위해 행동을 해야 할지 고민한 때가 있었다. 환경에 대해 보호하고 싶다는 생각이 들었고, 행동으로 옮겨야겠다고 생각해서 실제로 동강 댐 관련된 정책을 영월군에 직접 가서 피력한 적이 있었다. 2021년인 현재는 기후위기비상행동, 청소년 기후행동 등 청소년들이나 청년들의 기후변화 및 환경에 대해 대규모 참가가 가능했지만, 그 당시에는 "주제 파악도 못 하면서 무슨 환경이냐! 열심히 공부해서 좋은 학교를 목표로 해라!"는 볼멘소리를 듣고 좌절당한 경험이 있다. 주중은 물론, 주말에도 환경에 관련되어 학생이 1인 시위나 대중이 모여 목소리를 내는 것이 일반화되기는 어려운 시절이었다. 모 학생은 실제로 학교 운영 방침을 반대하며 단식 1인 시위를 보여 명문대학교에 입학하게 될 정도로 그 당시의 시대상은 선생님이나 상급자에 대한 복종이라는 프레임을 벗어나기 어려울 정도로 이슈가 되었을 정도니 말이다. 필자는 2019년 9월 서울 종로 한복판에서 청소년들과 청년들 그리고 환경관계자들과 함께 모여 가두캠페인을 벌였는데, 평화적인 분위기와 함께 기후위기에 대응하고자 하는 시민의 웅장한 움직임에 전율을 느낄 정도였다. 이 감동을 2019년 같은 해 9월 27일 "청소년 기후행동"을 통해 전 국민과 전 세계인을 향해 기후위기를 대비하고자 하는 움직임을 보았다. 다만 그 당시 성인 기준으로 38%만이 이들의 기후위기 행동을 응원했을 뿐이다. 필자가 겪은 20세기 전반과 2000년대 초의 상황보다는 꽤 나아졌다. 그래도 아직은 학생은 학교에서 공부가 전부라는 논리가 짙게 깔려 있었다. 그로부터 1년 후, 2020년 9월 "청소년 기후행동"을 진행한다는 소식이 들렸다. 이에 지지를 표하는 성인들이 76%로 2019년 동월 대비 2배 가까이 상승한 것을 확인했다. 이것이 환경에 대한 인식의 전환을 계절에 빗대어 표현한 "환절기"라고 필자는 생각한다.

기후 + 폭력을 합성한 '기후폭력'이란 표현도 만들어보았다. 기후변화로 인해 가뭄이나 홍수로 피해가 심각한 지역에서 불안정한 식량 공급, 자원 부족, 토지 분쟁 등으로 해당 지역사회의 불안정한 상태가 시작된다. 불안정한 상태가 지속된 지역에서는 가정폭력, 노동착취, 인신매매, 조혼 등 직·간접적인 폭력 위험성이 증가한다는 연구결과 및 기사를 보고 학교폭력이 고조되던 시기에 이를 기후와 합성시켜 기후폭력이라는 표현을 사용해 보았다.

　필자도 학창시절에 겪은 바 있다. 기온이 점점 올라 뜨거워지는 여름철이 되면, 평소에 온순하던 친구들도 사소한 것으로 싸우는 것을 목격하는데 그 원인이 그저 더운데 자꾸 장난을 쳐서 분노가 치밀어 오른다고 하는 것이었다. 두 친구는 평소 같으면 같은 장난으로 싸움까지 번지지 않았겠지만, 극한의 더위와 습도가 이들의 사이를 일시적으로 가르게 하여 폭력 상황으로 발전된 것이다. 그런 가벼운 사례를 보면 기후폭력이라는 말이 그렇게 허황된 표현은 아니다.

　아프리카의 남수단에서는 기후변화로 인해 토지 분쟁이 악화되었다. 살인·성폭력·납치 등 인권이 사라진 땅에 아동폭력 및 권리 침해가 심각했다고 한다. 가뭄, 홍수, 흉작 등으로 생계 수단이 상실되어 수입원이 사라진 것이 원인이었다. 그로 인한 스트레스로 양육자들은 폭력적인 훈육을 행했다. 기후변화로 수입원이 상실되고 생활문화가 바뀐 이들은 내전과 이주 등 인도적 위기에 놓였다. 인권을 등한시하게 된 땅에 아동들은 더욱 폭력적인 상황을 경험한다. 그렇다면 기후변화로 폭력을 겪게 되는 아동들의 인권 문제는 해결되어야 한다.

　아이들은 기후변화의 영향을 많이 받는 미래세대다. 기후변화로 바뀌어 버린 환경 대해 강력한 변화의 주체가 된다. 기후변화로 인한 최대 피해자, 아이들의 참여를 독려하고 그들의 목소리를 들어야 한다. 기후위기에 대응하는 핵심 방법에 관한 교육을 진행해야 한다. 기후변화와 아동폭력의 상관관계 관련하여 더 많은 데이터 수집과 연구가 이루어질 것이다. 기후변화가 아동에게 미치는 영향을 최소화하는 체계를 만들 것이다. 아이들이 더 기후 변화의 피해자로 남도록 해서는 안 된다. 스웨덴의 전설적인 청소년 환경운동가 그레타 툰베리처럼 기후변화 대응을 위한 용기 있는 행동에 중요한 변화가 일어나야 한다. 아이들과 청소년에겐 주어진 시간은 없고 시기는 더더욱 가파르게 다가오기 때문이다.

기후폭력은 학교폭력이나 아동폭력에만 해당하지 않는다. 인류가 파괴한 환경 시스템은 인류에 의해 자행되는 기후폭력이다. 파괴된 환경과 기후시스템의 변화로 인류에게 큰 피해를 주는 재난은 지구시스템에 의해 부메랑으로 돌아오는 기후폭력이다.

2021년 우리나라의 뜨거운 환경 이슈 중 하나는 가덕도 신공항 건설 문제였다. 개발을 통한 지역사회의 발전을 염원하는 이들도 적지 않았기에, 가덕도 신공항 건설의 찬성을 원하는 이들도 많았다. 김해 신공항 건설 계획의 무산으로 가덕도가 영남권 신공항 부지로 선정되었다. 부산·울산·경남지역의 공단에서 생산된 제품 수출로 인천국제공항까지 트럭으로 운송할 것이 우려되는 시각도 적지 않다. 경남에서 시작해서 인천국제공항까지 이동하는데 투입될 트럭에서 발생하는 비싼 운송비와 그로 인해 발생하는 일산화탄소, 운행 도중 타이어에서 나오는 미세먼지를 포함한 오염물질은 심각할 것이다. 이는 기후변화대응에 역행하는 것이 아니냐는 의견도 있을 정도다. 정부가 하는 국책사업을 일개 시민이 나서서 반대한다고 해서 백지화될 수는 없다. 가덕도 신공항 건설은 경남 도민, 울산시민, 부산시민 등 경남권 지역의 오랜 숙원사업이었기에 백지화에 대한 의견을 내놓는 순간 엄청난 쓰나미에 휘몰아칠 것은 당연하다.

우리나라 환경법에 의하면 현행법상 가덕도는 대규모 개발이 불가능한 곳이라는 진단을 받는다. 생물 다양성을 위해 지정된 보호 대상, 해양생물이 서식한다고 보고받은 지역을 포함 해양생태 1등급 지역만 6곳이며, 환경부 기준으로 보호가 마땅한 자연녹지 8등급 이상 지역도 3곳 이상이라고 하며, 그 외의 지역도 사실상 보전해야 할 보전지역이라고 할 정도이다. 이러한 공간에 신공항이 들어서 파괴된 천혜의 자연환경은 다시는 되찾기 어렵다. 가덕도 개발로 인해 파괴되어 추후 피해를 입을 것으로 예상되는 생물 다양성의 훼손에 대해서는 조사가 전혀 이루어지지 않았다. 가덕도 주변의 깃대종과 생태계 순환 시스템이 우리나라에서 어떠한 기후폭력으로 다가올지 알 수 없다. 또한, 전 세계에 끼치는 기후변화 및 환경적 영향을 알기란 더더욱 어렵다. 한참의 세월이

지나고 나서야 보일 수 있는 이 위험에 민감할 사람은 극히 드물
게 있을 뿐이다. 학교폭력에 한해서는 과거 사건도 최대한 들추어
재조명하는 국가가 우리나라다. 그런 국가에서 환경파괴와 기후
위기가 향후 다가올 잔인한 미래에 대해서는 왜 이렇게까지 둔감
한지 안타까운 심경으로 현 상황을 바라볼 뿐이다. 환춘기와 환
절기를 겪고 나니 기후폭력을 피부로 느낀다.

목표 스퀘어

환경활동을 하면서 멘토링을 하게 될 때가 많습니다. 코로나 사태로 힘든 시국임에도 HOBY 한국본부와 행정안전부 주관의 2021년 청소년녹색환경활동가의 멘토로 2021년 6월부터 12월까지 함께 하여 소중한 인연을 맺을 수 있음에 감사를 드립니다. 학생들이 무엇보다 솔선수범하여 완벽하게 활동을 수행한 결과 전체 참가한 팀 중에 1등이 되어 '인천시장상'을 수상하게 되었습니다. 멘토를 진행한 CMIS CANADA 국제학교 학생들과 근 6개월간의 활동 중 환경부 장관님께 드리는 편지와 활동을 통한 환경에 관한 학생들의 짤막한 소감을 공개합니다.

CMIS 학생들과 함께 보낸 환경 활동

환경부 장관님께 드리는 편지

안녕하세요?

저희는 CMIS Canada 국제학교의 환경동아리 Eco-lution입니다. 저희는 저희의 미래가 걱정됩니다. 며칠 전에 눈이 내리는 모습 보셨는지요? 11월에 내리는 눈은 한국에서 평생을 거주하면서 한 번도 본 적 없는 현상입니다. 우리가 살아가는 환경에 문제가 있다는 것을 눈앞에서 목격하였습니다. 헌법 제10조에 따르면 "모든 국민은 인간으로서의 존엄과 가치를 가지며, 행복을 추구할 권리"를 가지고 있으며, "국가는 개인이 가지는 불가침의 기본적 인권을 확인하고 이를 보장할 의무"가 있습니다. 앞으로 저희가 살아갈 세상이 망가져만 가는데 조치를 취하지 않는 국가는 저희의 권리를 침해하고 있습니다.

바로 이 순간에도 지구 온난화로 인해 극단적인 기후패턴(늘어나는 가뭄, 홍수, 폭염)에 고통받는 나라들이 있습니다.

우리나라도 언젠가는 영향권에 접어들 것입니다. 몇 년 전부터 여름마다 점점 심해지는 폭염을 보면서 앞으로의 삶이 우리 미래 세대에게 더 잔혹하게 다가올 것이라는 생각이 듭니다.

더 나아가 지구 온난화로 인해 해수면이 상승하고 있습니다. 이 현상이 반도인 우리나라에 끼칠 영향을 생각해 보면 해수면 상승으로 인해 인구가 살아갈 수 있는 땅의 넓이뿐만 아니라 음식을 생산해 낼 수 있는 땅도 줄어들 것이라는 생각에 잠이 오지 않습니다.

또한, 늘어나는 가뭄과 홍수는 생태계를 파괴합니다. 새천년생태계평가(Millennium Ecosystem Assessment, MA)의 종합보고서에 따르면 생태계 침식이 말라리아, 콜레라 등 기존 질병의 증가와 함께 새로운 질병 발생 위험 증가로 이어질 수 있다고 경고하고 있습니다. 악화되는 생태계는 또한 UN 밀레니엄개발목표(Millennium Development Goals, MDG)를 충족하는 세계의 능력에도 영향을 미칠 것입니다.

그러므로 기후 변화는 돌이킬 수 없는 결과를 만들고 있다는 사실이 매우 걱정됩니다.

기후가 급변하면서 계절 간 경계도 점점 흐트러진다는 것을 우리는 알고 있습니다.

우리나라는 사계절이 거의 비슷한 길이로 나뉘어 있었지만, 기후변화가 심해지면서 계절의 시작점과 길이가 바뀌고 있습니다. 지구 온난화로 인해서 여름은 길어지고 더 더워지면서, 겨울은 짧아지고 더 추워지고 있다고 합니다. 예측에 따르면, 2100년도쯤에는 일 년의 절반 정도가 여름이 되고, 폭염은 더 심해지며, 겨울은 한 달이채 안 되고 봄과 가을도 현재보다 더 짧아질 것으로 예상합니다.

만약에 예측대로 또는 그보다 더 빨리 대한민국의 사계절이 바뀐다면 미래에 우리나라의 상황은 암담해질 것입니다.

지금 현재뿐만이 아니라 미래를 위해서 여러 가지 방법으로 이 문제를 풀어가야 할 필요가 있다고 생각합니다.

세계의 허파, 열대림이 줄어들고 있습니다. 열대림 감소는 온실가스에 대한 생태계의 파괴, 지구 자정 능력의 상실로 동식물 서식지가 감소하는 등 심각한 환경문제로 번지고 있습니다. The Science Times에 따르면 2010년대에 이르러 열대림의 탄소 흡수 능력은 평균 3분의 1로 떨어졌으며, 이 같은 전환(switch)은 주로 나무가 죽어가고 그에 따라 나무가 붙잡고 있던 탄소가 소실됨으로써 발생한 것으로 나타났습니다. 기후 변화에 대처하는데 이제는 한시도 머뭇거릴 시간이 없다는 것을 의미하고 앞으로의 무분별한 토벌을 줄이는 방법을 생각해 볼 필요가 있다고 생각합니다.

한 번의 편리함으로 너무나도 저희의 일상에 익숙해진 플라스틱 사용도 점점 더 심각한 문제로 커지고 있습니다. 코로나 팬데믹으로 인해 플라스틱과 같은 일회용품 사용량이 급증하였습니다. 대부분 플라스틱은 화학 구조상 분해되지 않아 환경뿐만 아니라 사람이 섭취 시 심혈관 질환, 소화기 문제, 호흡기 문제 등 인체의 여러 부분에 문제와 질환의 원인이 됩니다.

이 문제는 개개인이 또는 한 나라만 노력한다고 해결되는 문제가 아닙니다. 전 세계가 함께 발 벗고 나서야 하는 문제입니다. 하지만 매년 열리는 정상회담에서 환경문제에 대해 표면적으로만 회의를 나눌 뿐 실질적으론 큰 성과는 내지 못하고 있는 것이 현실입니다. 국가들이 COP26을 통해 모였었지만 기후 온도상승을 1.5℃ 이내로 해보자는 합의는 파리협정에서 끌어낸 이후로는 크게 발전되어 보이지 않습니다. 개발도상국에 기후분담금을 지원도 아니고 대출

해준다는 발상에 선진국 국민으로서 고개를 들 수 없었습니다.

우리가 지금 당장을 보면 환경문제에 큰 영향을 받지 않을 것으로 생각하지만 그렇지 않습니다. 벌써 눈에 그 증거가 펼쳐졌고, 적지 않은 사람들이 기후 변화로 큰 고통을 겪고 있으며, 코로나도 환경 파괴와 기후위기의 산물이라는 연구결과도 있습니다. 기후와 관련해서는 손을 내밀지 않았던 노벨상마저 기후모델을 제시한 학자에게 수여될 정도로 기후 변화는 심각한 상황입니다. 미래를 이끌 산업의 일꾼인 우리 미래세대는 아직 배고픕니다. 미래를 향한 꿈과 희망 그리고 환경과 기후의 안정을 원하는 목소리가 많습니다. 이 미래가 사라질까 두렵습니다. 우리의 미래를 함께 지켜주세요. 우리뿐만 아니라 우리 다음 세대가 인간으로서의 존엄과 가치를 가지며 행복을 추구할 수 있도록 함께 노력해주시기를 간곡히 부탁드립니다.

우리는 이미 지구에 어떤 영향을 주는지 알아볼 수 있습니다. 보통 12월에 눈이 내리는 것을 볼 수 있는 11월 중순에 벌써 눈이 내리고 있다는 것이 놀라웠습니다. 게다가, 우리나라의 공기 오염은 21세기에 심각한 문제가 되었다고 생각합니다. 공기 오염은 어르신과 어린 친구들에게 가장 큰 영향을 미치면서, 모든 시민에게 심각한 건강 문제로 이어졌습니다. 만약에 계속 이렇게 간다면, 지구의 삶과 우리의 삶은 오래가지 못합니다. 공기 오염이 너무 심해서 우리나라 국민이 겨울 시즌에 방독면을 쓴다고 상상해 보세요. 이 문제가 더 다가오기 전에 신속하게 대체 에너지원을 찾아야 한다고 외치고 싶어요. 각국의 지도자들이 함께 협력하여 더 나은 미래로 나아갈 수 있는 것이 우리의 소원입니다.

Danny

걱정이 많이 됩니다. 국가에서 환경 관련 회담을 제대로 해서 환경을 좀 더 생각하고 보호해 주었으면 합니다. 누가 더 많이 부담할 것인지만 논의하지만 말고 영향력이 있는 선진국에서 좀 더 적극적으로 나섰으며 합니다. 현 상황만을 유지한다고 한다면, 이러다가는 nothing will be done.

Joy

기후 변화가 돌이킬 수 없는 결과를 만들고 있다는 사실이 가장 걱정됩니다. 우리가 지금 아무것도 하지 않으면 환경은 가뭄, 폭풍, 폭염, 해수면 상승 등 기후 변화의 영향들이 지속되므로 지구는 어떻게 될지 모른다는 사실이 매우 걱정됩니다. 그리고 21세기 현대 생활이 인간을 기후 변화에 기여하는 전기, 교통, 에어컨 등 현대적 편의에 익숙하게 만들었다는 사실 때문에 애초에 변화를 가져오기는 더욱 어렵다는 점을 고려하면 우리가 지금 극단적인 조치를 취하고 있지 않다는 사실이 심각하다고 느낍니다.

Jenny

지구 온난화가 심해져서 봄가을이 감소하고 여름 겨울 증가하는 등 기후 변화가 너무 심하게 다가옵니다. 2020년에는 12월 중순쯤에 눈이 왔다면, 2021년 11월 중순쯤에 기후 변화로 인해 눈이 내립니다. 지구 온난화가 점점 심해진다면, 기후 변화 말고도 여러 가지 문제들이 생기는데, 그 문제들에 대해서 세계적으로 대비를 하거나 혹은 지구 온난화가 심해지는 것을 막아야 합니다. 해수면이 상승하여 땅들이 점점 없어지면, 어떻게 해야 할지 방법을 생각해야 합니다. 일본은 섬나라 임에도 제대로 기후 변화에 대한 대책이 없는 것처럼 보입니다. 우리나라는 섬나라는 아니지만, 반도 국가의 특성상 우리나라가 가지고 있는 섬들도 생각해 볼 필요가 있고 삼면이 바다여서 그것도 생각해 볼 필요가 있습니다.

Eunice

미세플라스틱! 어떻게 보면 우리가 직접 쓴 플라스틱들이 바다를 통해 통해서 결국 우리가 먹는 것과 다름이 없습니다. 코로나로 인한 플라스틱 사용이 더 늘고 있는데 이 문제의 해결방법이 없습니다. 미세플라스틱 섭취 시 여러 가지의 해로운 질환들의 원인이 될

수 있습니다. 그렇다면 우리가 그동안 먹은 미세플라스틱의 양을 생각해 보면…? :(((

Lucca

공기 오염과 대기오염이 더 심해진다는 것이 피부로 와 닿습니다. 벌써 11월에 눈이 온다는 것을 보면 기후 변화가 더 빨리 다가온다는 것을 알게 됩니다. 나의 미래와 우리 후대의 미래가 걱정됩니다.

Emily

생태계의 파괴로 인한 열대림 감소는 온실가스를 증가하는 큰 이유 중 하나입니다. 지구 자정 능력이 상실되어 동식물 서식지가 감소하는 등 심각한 환경문제로 번지고 있습니다. 앞으로의 무분별한 토벌을 줄이는 방법을 생각해 볼 필요가 있다고 생각합니다.

Grace Y.

재활용에 대해 기본적으로 알고 있었다고 생각했었는데, 멘토를 통해 제대로 버리는 방법과 재활용조차 되지 않는 것이 있다는 것을 멘토님을 통해 처음 알았습니다. 제대로 알고 제대로 실천하는 것이 국제사회를 살아가는 우리의 마음가짐이라는 것을 멘토님 덕분에 많이 배워갑니다.

Ben C.

직접적으로 일상생활에 큰 타격을 줄 수 있고 현재도 주고 있는 기후 변화. 후손들뿐만 아니라 현재 신세대도 큰 영향을 받을 수 있기에 미룰 수 없는 문제이지만 문제해결을 위한 진보적인 정책을 적극적으로 펼치셨으면 합니다.

Martin

지속적인 환경문제에 대한 논의가 계속되고 있으나 정작 진전이 되어 가는 것은 없습니다. 종합적인 환경문제로 기후가 unpredictable, 계절이 더 빨리 변화되고 있어 전체적인 생태계 파괴가 되어 모든 생물에게 피해를 주고 있습니다. 이제는 바뀌어야 할 때라고 생각합니다.

Grace K.

해수면 상승이 가장 걱정됨. 해수면 상승으로 인해 인구가 살아갈 수 있는 땅의 넓이뿐만 아니라 음식을 생산해 낼 수 있는 땅도 줄어들고 있습니다. 계속 증가하고 있는 인구를 지구가 수용할 수 없는 상황이 된다면 mass death가 일어날 것으로 예상됩니다.

Together ESG
이론이 아닌 사람이 함께하는 ESG를 외치다

ESG는 갑자기 툭 튀어나온 개념은 아닙니다. 18세기부터 시작한 산업화로 인해 파괴된 환경 속에 인류와 지구가 함께 공존하기 위해 서로 머리를 맞대며 고개를 든 개념입니다. 현재 ESG는 전 세계적인 트렌드로 자리매김했습니다. 저는 ESG와 비슷한 개념을 해외 유학한 친구로부터 처음 들었지만, 그것이 사회에 정착하는 데에는 2021년 1월 다보스 포럼과 세계 최대 자산운용사인 블랙록이 지속가능성을 투자기준으로 삼겠다고 하면서 ESG 조건에 미달할 때 반대표를 던지거나 투자철회를 경고한 것이 화제가 되어 전 세계인의 주목을 받았습니다. 미국 바이든 정부의 친환경 정책은 세계 경제를 주름잡는 미국이 ESG를 기준으로 삼으면서 미국과 관계를 맺고 있는 각국 정부도 이 기준을 따르게 되었습니다. 사회책임을 강조하는 주의는 주주주의에서 윤리주의로 바뀌고 있는데 시민사회가 아닌 기업에서 이를 강조한 것도 시대 변화의 한 트렌드입니다. ESG는 성장·이윤을 둘러싼 사회의 변화를 이끌고 있습니다. 줄어들고 있는 유한한 자원과 이를 둘러싼 국제적인 이해관계를 다시 재편성하면서 지속가능한 사회를 만들 겠다는 것입니다.

ESG가 추구하는 방향은 기존의 성과주의에서 사람과 환경을 중시하는 인본주의로 향하고 있습니다. 끝이 없는 개발로 인해 양극화는 더욱더 심각해지고, 환경도 나빠지고, 그에 적응하느라 사람들의 정신 또한 피폐해져 가고 있습니다. ESG는 그 갈등구조 를 이겨내기 위해 각계의 전문가들이 모여 내놓은 대안입니다. 미 래세대가 활용한 자원을 최대한 보존하며 지속가능한 성장을 하 기 위해서는 필수입니다.

현재 우리의 패턴은 인구증가로 수요가 확대되면 과잉개발이 일어나고 훼손은 빨라지며 독점당한 자본으로 양극화의 격차가 심화됩니다. 결국 성장은 한계에 이르고 이에 편승하지 못한 서민 의 삶은 빈곤함을 벗어나기 어렵습니다.

ESG는 이에 대한 해법을 가지고 있습니다. E(Environment)는 기후 변화·자원고갈·환경파괴에 대한 해법을 제시하고 있습니다. 사람의 개발 야욕이 낳은 파멸을 끝내고자 함에 있습니다. 석탄, 석유, 희토류 등 인간의 삶만을 위한 무리한 개발이 기후 변화를 촉진하였기에 지속가능한 개발을 이끌어 보자는 공론을 이끌었 습니다.

S(Social)는 사회구성원들의 일과 삶에 있어서 균형을 이끌어 주고 있습니다. 주주 중심에서 기업, 근로자, 지역사회, 정부를 포함한 사회구성원 전체의 균형 잡힌 생태계를 이끄는 데에 긍정적인 영향을 끼치고 있습니다. 근로자의 인권, 환경, 고용, 복리후생을 포함해 고객 모두가 함께 살 수 있는 삶의 질을 향상하는 공론화를 끌어내었습니다.

G(Governance)는 단순히 오너의 입장이나 주주의 입장을 넘어 이에 얽힌 이해관계자의 권한, 책임, 관계, 과정, 결과 등을 다루어 지역사회와 기업과 정부의 지배구조를 선순환 구조로 바꾸고 있습니다. 소수의 자본가가 독식하고 있는 부와 자원의 독점을 다양한 사회적 이해관계를 반영하여 민주적 의사결정으로 공헌하는 형태의 성과 배분으로 지속가능한 삶을 꾀하고 있습니다.

ESG는 기업 내외부의 다양한 문제를 해결하는 데에 도움이 됩니다. 성과주의에서 인본주의로 사회의 방향성이 바뀌었습니다. 어느 정도 성장한 이후 정체에 이르는 저성장과 폭발하듯 증가하는 인구 문제에 대안을 마련하는 데에 도움이 됩니다. 균형 잡힌 상생 협력은 형식보다 내용, 방식보다 본질에 주목하게 된다면 사회문제 해결에 참고할 만한 열쇠가 됩니다.

일을 잘하는 것뿐만 아니라 인성까지 갖춘 인재가 많아져야 건강한 사회, 지속가능한 사회가 됩니다. ESG는 단기간 빠른 성장

으로 인한 부작용과 딜레마로 갈 길을 잃은 우리나라에 유의미한
해결 힌트를 던져줄 수 있습니다. 사회문제에서 수많은 자원·능력
을 지닌 기업이라는 존재가 현 문제의 갈등을 해결하는 데에 동
참할 수 있습니다.

2020년 0.84명의 출산율은 한국사회의 지속가능성이 더는 높
지 않은 것을 보여주고 있습니다. 출산이 어려운 이유는 취업, 재
산, 젠더 갈등, 서로 간의 부조화, 부동산, 불안한 사회문제, 기후
나 미세먼지 등 아이를 키우기 어려운 환경, 앞을 내다볼 수 없는
막연한 미래 등 많은 이유가 있습니다. 이때 ESG의 실현은 이런
문제를 해결하는 데 큰 도움이 됩니다.

E에는 우리가 아는 생태적인 환경뿐만 아니라 생활환경도 함
께 포함되어 있어 아이의 정서 문제와 성인의 건강에 삶의 질의 향
상을 꾀하게 됩니다. S는 안정적 고용을 촉진하여 MZ세대가 원하
는 성과 배분과 더불어 G의 변화에도 도움이 됩니다. 고용의 상호
이해관계자인 기업과 직원의 안정적인 고용은 곧 출산환경도 나아
지는데 해결 포인트가 됩니다. 인간과 이를 활용한 자원에 관심과
배려를 평가하는 지표로 측정하게 되면 기업은 신경 쓰게 되고,
이런 노력은 청년도 함께 주도하는 기업문화로 제도화됩니다.

도시 집중화 현상과 지방소멸의 문제도 ESG에서 해결 힌트
를 찾을 수 있습니다. 착하고 사랑받는 기업이 소멸해 가는 지역

을 살리는 데에 도움을 줄 수 있다는 것입니다. 서울과 수도권의 인구 밀집은 이미 수요를 넘어 위험 수준으로 이어지고 있습니다. 서울과 수도권의 질 좋은 교육과 이를 바탕으로 한 취업이며, 또한 도시환경이나 인프라 개선도 수도권 중심으로 이어져 있어 이를 이겨내기는 어렵습니다. 그런 문제들로 인해 지역→도시의 사회이동은 막을 수는 없습니다. 정부에서 공기업과 주정부 기관의 지방 이전으로도 이를 해결하기는 어려워 보입니다. 오히려 우수한 인적 자원을 찾아 수도권으로 몰려들고 있는 수준입니다. 수익 창출과 자원확보를 위한 합리적 선택이 지방소멸을 발생하는 지역 불균형을 초래하고 있는 것입니다.

ESG 평가로 이런 문제를 해결할 수 있습니다. 지역사회에 참여·공헌하는 운명공동체의 개념으로써 기업을 유치하면 상황은 좋아집니다. 정부나 글로벌세계에서 좋은 평가를 받고자 지역으로 새로운 둥지를 틀 기업이 생길 수 있습니다.

관료주의 폐쇄주의에 이은 탑다운 방식으로만 승부를 볼 수밖에 없는 현 사회의 경직성을 해결하고 대등한 파트너로 기업을 안으면 지역은 살아나갈 수 있습니다. 지자체에서는 이미 ESG를 기본 평가 방식으로 삼고 있는 곳도 많이 늘고 있으며, 지역 내 기업과의 상생을 강조하는 퍼포먼스를 펼치며 내재화를 이루어 나가고 있습니다. 정부가 주관하는 경영평가에서는 이미 사회적 가치를 창조하는 항목을 더 늘렸습니다. ESG는 이제 행정 분야에 정착되었습니다. 선진국의 많은 지방 정부가 ESG를 경영목표의 척도로 넣은 건 당연하다 볼 수 있습니다. 과거 눈에 보이는 성과만을 보며 달려가야만 했던 성과주의가 아닌 사람과 환경 중심의 인본주의로 발전해 나가는 사회에 발맞추어 ESG의 실현을 위해 필자는 사람들이 함께 모여 한목소리를 내는 개념을 가진 「ESG 스퀘어」라는 책을 통해 진정한 ESG 경영으로 많은 사람의 삶의 질이 향상되어 지구와 사람 모두 상생 협력하여 지속가능한 발전을 이루는 그날을 손꼽아 기다려 봅니다.

축하의 글

전 세계적으로 지구 위기의 심각성을 인식하고 유엔 차원에서 문제 해결에 나서는 지금, 마을과 학교, 공장, 직장, 행정관서 등 기초 커뮤니티 단계에서 활동하는 ESG 전문가를 양성하는 것은 매우 중요하고 시급한 일이 될 것입니다. 이에 오병호 작가님의 「ESG 스퀘어」는 ESG를 처음 입문하는 사람에게 좋은 길라잡이가 될 것이라 생각합니다.

이인규

한국 ESG 협회장, 아름다운학교운동본부 상임대표

「ESG 스퀘어」는 다양한 환경 보호 활동을 해온 저자의 경험이 담긴 책이다. 그래서 이 책에는 울림이 있다. 저자는 초등학생이었던 1995년부터 환경문제에 관심을 가지고 문제 해결을 위해 다방면으로 힘써

왔는데, 지난 27년간의 궤적은 순탄하지만은 않았다. 그러나 항상 용기 있게 문제들을 돌파해 왔으며 목소리를 냈다. 그의 이야기가 환경을 사랑하는 여러 활동가들에게 도움이 되리라 생각한다.

또한, 이 책은 자칫 어려울 수도 있는 ESG라는 개념을 쉽게 풀어냈다는 것이 장점이다. 환경문제는 일부 전문가뿐만 아니라 많은 시민이 함께 참여해야 비로소 극복할 수 있는 문제이다. 따라서 일반 시민들도 환경문제에 관심을 갖는 것이 매우 중요한데, 요즘 유행하는 ESG를 에세이 형식으로 풀어내서 쉽게 읽힌다.

좋은 책이 출판되어 저자에게도 독자에게도 매우 축복이라고 생각한다. 아직 30대 청년인 저자의 앞으로의 활동도 많이 기대가 된다.

이동길
서울특별시 기후환경본부 환경정책과 기후에너지전략팀 주무관(前 빅웨이브 대표)

오병호 작가님을 보면 평상시에도 전국구로 국립공원을 돌아다니며 조용히 줍깅을 하고, 국립공원 직원들과도 소통하는 살아있는 실천가이십니다. 오병호 작가의 「ESG 스퀘어」는 개인의 실천 사례가 고스란히 녹아 있는 개인과 기업과 정부의 실천이 가장 중요한 이 시기에

원석같은 존재라는 생각이 듭니다. ESG 관련 책을 읽어보면 전문가들만 이해할 정도로 작성되어 어렵다는 생각이 들었는데, 이 책은 대중이 이해하는 눈높이로 맞추는 노력이 돋보였습니다. 이 책을 통해 개인의 실천들이 작은 물결처럼 모이고 모여 큰 물결이 되길 바라봅니다.

진미향

국립공원공단 자연 해설사

우리 한국전력공사를 비롯한 공공기관에서도 화두가 되는 ESG 내용을 직접 출판하신다고 하셔서 읽어보니, 이해가 쉽게 되었습니다. 에너지나 환경문제를 보면 보수 혹은 진보 하나의 성향으로만 편향되기 쉬운데 오병호 작가님은 어느 한 편만 두지 않고 각 진영의 논리를 파악한 것을 보고 진심으로 존경하게 되었습니다. 초보자가 쉽게 접근할 수 있도록 내용이 구성되어있어 ESG에 관심을 가지게 될 계기가 될 거 같습니다. 특히 오병호 작가님께서 제안 주신 ESG 관련 금융 정책은 그 어떤 책에서도 찾아볼 수 없는 훌륭한 정책이라고 생각합니다. 혹시 2022년 노벨경제학상을 받는 것은 아닌지 모를 정도로 경외감이 듭니다. 축하드리고 베스트셀러가 반드시 될 것이라고 믿어

의심치 않습니다.

이재진
한국전력공사 직원

「ESG 스퀘어」라는 책에서 인상 깊었던 점은 현재까지 출간된 ESG 관련 책 중 환경 부문에서 수질 문제에 대해 유일하게 다룬 책이라는 점입니다. 다른 영역들도 부족함 없이 다룬 것들은 상당히 인상 깊었습니다. FSC 인증을 받은 ESG 책이라는 점이 상당히 인상 깊었습니다. 환경 에세이 서적 중에서는 타일러 라쉬의 「두번째 지구는 없다」에서는 개인의 실천 방안에 대해서 제안을 했다면, 오병호 작가의 「ESG 스퀘어」에서는 개인이 실천하고 있는 사항과 더불어 탄소중립·수소경제·기후환경금융모델·컨트롤타워에 대한 진지한 정책제안이 돋보였습니다. 저에게 누군가가 대한민국 MZ세대가 ESG와 기후 변화에 대한 생각이 어떤지를 묻는다면 자신 있게 「ESG 스퀘어」를 추천드리겠습니다.

차명식
한국재성지원운동본부 회장

지금까지 ESG를 비롯해 거대한 사회변화에 대한 주체를 언급할 때 늘 빠져 있었던 것이 있었습니다. 경제적으로 어려운 이웃들, 산업계에서 더는 일을 할 수 없을 정도 크게 다친 사람들, 장애를 입었다는 이유로 사회에서 함께 하지 못한 사람들 등 인권의 사각지대에 놓인 부분을 다룬 책이나 사람은 본 적이 없었습니다. 하지만 「ESG 스퀘어」에서는 이런 부분들도 다루었습니다. 단순 기업을 대변하는 사람의 입장이 아닌 진정한 사랑으로 사람을 대한 오병호 작가의 면면을 볼 수 있었습니다. 일하다 지칠 때 왜 나를 알아주지 않을까 라는 회의감이 들 때 오병호 작가의 「ESG 스퀘어」를 읽는다면 진정한 사람 중심주의가 무엇인지 알 수 있을 것입니다.

김진홍

청년 - 산업재해 피해청년

오병호 작가를 알게 된 것은 대한민국 정책기자단이었습니다. 오병호 작가는 사회 전반에 대해 깊은 관심을 가지고 수천 번의 정책제안을 했던 청년이기에 그의 「ESG 스퀘어」에 대해 기대가 컸습니다. 다른 ESG 책은 주로 해외와 기업의 입장에서만 쓰였습니다. 하지만 이 책은 주로 국내의 사례와 고객 즉, 국민의 입장에서 쓰였습니다. 장애, 산업재해, 국민의 안전 등 국민이 당연히 누려야 할 행복의 권리를 이 책에서 찾아볼 수 있었습니다. 저는 농담조로 오병호 작가를 "한국의 툰베리"라고 불렀습니다. 하지만 이 책을 읽고 오병호 작가의 일대기를 알게 되니 다음에 오병호 작가를 만날 때 이런 농담을 건네주고 싶습니다. "알고 보니 툰베리가 스웨덴의 오병호였다."

박현복
국민 건강 전도사 시민 체육 강사

ESG는 기업 활동 전반에 친환경, 사회적 책임경영, 지배구조 개선 등을 고려해야 지속가능발전을 달성할 수 있다는 철학을 담고 있다. 배경에는 기후위기, 환경파괴, 기업의 지배구조 불안정 등 팬데믹 이후 기업경영 전반의 위기요인들이 있다. ESG 성과를 활용한 투자 방식은 장기적 수익을 추구하는 한편, 기업활동을 사회에 이익이 되는 방향으로 전환토록 영향을 미칠 수 있다. 국토계획상 ESG 요소반영, 공시제도, ESG 평가 등이 추진되는 등 전 세계적으로 ESG 광풍이 불고 있다. 국내에서도 최근 2년여 사이 ESG가 민간기업에 대한 환경사회적 책임경영 요구를 넘어 정부, 공기업, 학교, 시민사회단체에까지

확대되는 분위기다. 그런데 중요한 것은 책임의식이다. 바닥을 보이고 있는 탄소예산(Carbon Budget)을 어떻게 공평하게 나누고, 자발적으로 감축에 힘쓰고, 전환과정에서 약자를 보호할 것인가 심각하게 고민해야 한다. ESG는 궁극적 목표가 아니다. 지속가능한 지구촌 사회로의 전환을 이끄는 수단이다. 이런 배경에서 「ESG 스퀘어」는 독특한 방식으로 전개된다. 저자는 오랜 기간 다양한 분야에서의 정책대안, 봉사, 교육 등 활동을 바탕으로 현장에서 해답을 찾으려 공을 들였다. 그가 던지는 질문 하나하나는 ESG를 고민하는 모두를 불편하게 만든다. 그러다 문득 느끼게 될 것이다. 진정성이 답이라고.

환경일보 편집대표이사

오병호 작가의 「ESG 스퀘어」는 우리나라의 ESG에 대한 시각을 다르게 볼 수 있도록 인도하는 책입니다. 대개 ESG에 관련된 자료를 보면 기업의 시각에서만 쓰여 자칫 ESG 워싱이라는 오해를 받기 쉽상이었습니다. 기업의 존재 가치는 바로 고객에 의해 정해집니다. 이 책은 기존의 비 재무제표라고 하면서 사실상 신 재무제표로 일관된 ESG를 고객의 입장으로 작성하여 새로운 시각을 제시하였습니다. 특히

「ESG 스퀘어」는 기업과 고객 모두 ESG 리스크를 상당 부분 최소화할 획기적인 기후금융 모델링이라고 생각하며, 이 아이디어로 우리나라의 미래세대가 행복해지기를 희망합니다.

오병주
KB부동산 토지신탁 직원

「ESG 스퀘어」는 기업 경영의 슬로건 또는 사회적인 담론에 걸쳐있는 ESG가 우리의 현실에서 어떻게 주목을 받게 되었는지 눈치챌 수 있게 해줍니다. 자본주의 시장에서 단순히 경제지표로 설명되지 않는 투자가 왜 가치가 있을까요? 저자가 그동안 경험한 내용을 토대로 사회의 담대한 변화로 안내합니다. 저자가 나고 자란 유년기부터 다양한 활동을 통해 만난 중장년층들과의 교류에 걸쳐 한 세대의 목소리에 호소하지 않고 포용하는 모습은 우리 시대에 가장 필요한 덕목이 아닐까 싶습니다. 누군가 이기고 지는 무한 경쟁의 시대, 우리 같이 「ESG 스퀘어」를 통해 비기는 생각으로 떠나볼까요?

김영진
Postgraduate Student, The University of Adelaide

도움을 주신 분들

축하사

고문현 ESG학회장님

차명식 한국재정지원운동본부 회장님

이창민 SNS문화진흥원 이사장님

이학영 이학박사, 한국생태환경연구원 원장. 고려대 평생교육원 자연생태환경전문가 과정 총괄담임님

본문

1부 Environment(환경)

이학영 한국자생어종연구협회, 한국수생태학회 회장, 환경부 DMZ학술조사위원, 서울시청 생태자문위원, 한국생태환경연구원 원장, 고려대학교 평생교육원 수 생태 해설사과정 지도교수님

2부 Sustainable Development Goals(지속가능목표)

조성화 수원시기후변화체험관 두드림 관장님

최윤 민주평화통일자문회의 강원부의장님, 강원민주재단 이사장

4부 Eco Life(지구 살리기)

김중진 서울대학교 지구환경과학부 대학원

박완수 사단법인 그린훼밀리환경연합 증평군지부 회장님

5부 Social(사회)
채현서 삼성에버랜드직원님, 중앙대학교 컴퓨터공학과
이창희 미디어헬퍼 대표님
최보영 동해시 장애인 학부모회의 대표님

6부 Goal(목표)
케빈 & 마리아님
윤순진 2050탄소중립위원회 위원장님, 서울대학교 환경대학원 교수님
CMIS 캐나다 국제학교 - 학생님들

축하의 글
이인규 한국 ESG 협회장님
이동길 서울특별시 기후환경본부 환경정책과 기후에너지전략팀 주무관님
진미향 국립공원공단 자연 해설사님
이재진 한국전력공사 직원님
차명식 한국재정지원운동본부 회장님
김진홍 청년 - 산업재해 피해청년님
박현복 국민 건강 전도사 시민 체육 강사님
김익수 환경일보 편집대표이사님
오병주 KB부동산 토지신탁 직원님
김영진 Postgraduate Student, The University of Adelaide

ESG 스퀘어

초판인쇄	2022년 2월 4일
초판발행	2022년 2월 11일
지은이	오병호
발행인	조현수
펴낸곳	도서출판 더로드
기획	조용재
마케팅	최관호 강상희
편집	권 표
디자인	호기심고양이
주소	경기도 고양시 일산동구 백석2동 1301-2 넥스빌오피스텔 704호
전화	031-925-5366~7
팩스	031-925-5368
이메일	provence70@naver.com
등록번호	제2015-000135호
등록	2015년 06월 18일

정가 18,000원
ISBN 979-11-6338-222-5 13530